Niels Bohr

DAS ATOM
UND DIE BOHRSCHE THEORIE SEINES BAUES

GEMEINVERSTÄNDLICH DARGESTELLT VON

H. A. KRAMERS UND **HELGE HOLST**

DOZENT AM INSTITUT FÜR THEO-
RETISCHE PHYSIK DER UNIVER-
SITÄT KOPENHAGEN

BIBLIOTHEKAR AN DER KÖNIGL.
TECHNISCHEN HOCHSCHULE
KOPENHAGEN

DEUTSCH VON

F. ARNDT

PROFESSOR AN DER UNIVERSITÄT BRESLAU

MIT 35 ABBILDUNGEN, 1 BILDNIS
UND 1 FARBIGEN TAFEL

BERLIN
VERLAG VON JULIUS SPRINGER
1925

ISBN-13: 978-3-642-89212-7   e-ISBN-13: 978-3-642-91068-5
DOI: 10.1007/978-3-642-91068-5
Softcover reprint of the hardcover 1st edition 1925

Vorwort.

In der Zeit um die Jahrhundertwende hat unsere Kenntnis von dem verborgenen Wirken im Inneren des Stoffes eine Entwicklung erfahren, welche die kühnsten Erwartungen der Chemiker und Physiker des 19. Jahrhunderts übertraf. Die kleinsten Teile der Chemie, die Grundstoffatome, die bisher nur auf dem Wege des Denkens erschlossen worden waren, wurden nun sozusagen zu greifbaren Gegenständen, die man zählen und deren Bahnen man photographieren konnte. Man hatte die Existenz von negativ geladenen Teilchen, den sogenannten Elektronen entdeckt, deren Masse 2000 mal kleiner war als die des kleinsten bekannten Grundstoffatoms, man hatte erkannt, daß die Atome keineswegs unteilbar seien, sondern Elektronen und positiv-elektrische Teile enthielten; eine auf der Maxwellschen Elektrizitätslehre aufgebaute Theorie der Elektronen hatte die Fragen der Atomstruktur mit der Lehre von der Strahlung im Äther in Verbindung gebracht. Die Versuche und Überlegungen RUTHERFORDS stellten es außer Zweifel, daß die Atome geradezu aus schweren positiv-elektrischen Kernen und leichten negativen Elektronen bestanden; die Quantentheorie von PLANCK wies neue Wege, um über bedenkliche Schwierigkeiten in der Strahlungstheorie hinwegzukommen. So schien es, daß die Zeit reif war zu einem Angriff auf das eigentliche Endziel der Physik: nämlich die mannigfachen verschiedenen physikalischen und chemischen Eigenschaften der Stoffe aus einfachen allgemeinen Gesetzen abzuleiten.

Schon in den ersten zehn Jahren des neuen Jahrhunderts wurde dieses Problem von vielen Forschern mit großem Eifer in Angriff genommen, und mehrere interessante Anschauungen über die Wirkungsweise der Atome wurden entwickelt und studiert; aber die meisten von diesen hatten mehr Bedeutung für die Chemie als für die Physik. Erst im Jahre 1913 machte der junge dänische Physiker NIELS BOHR (geb. 1885) durch eine grundlegende Arbeit über Spektrum und Atombau des Wasserstoffs die Bahn frei für eine wirklich physikalische Untersuchung des Problems. Bohrs Gedankengänge bauten auf der Quantentheorie auf, waren aber zunächst so überraschend und revolutionär, daß Bohr in der ersten Zeit seinen Weg allein gehen mußte; aber ihr gewaltiger Erfolg bei der Erklärung der Erfahrungstatsachen errang ihnen nach einiger Zeit die allgemeine Anerkennung in der wissenschaftlichen Welt und gab die Anregung zu Arbeiten anderer Forscher in denselben Richtungen. Das letzte Jahrzehnt war Zeuge einer ungeheuren Weiterentwicklung von Bohrs ursprünglichen Gedanken, an welcher Gelehrte aus allen Teilen der Welt Anteil hatten; aber bei allem ist Bohr immer der führende Geist geblieben, und die Theorie, die heute das umfassendste Bild der Atomstruktur gibt, trägt daher mit Recht Bohrs Namen.

Dies Buch bezweckt, den Leser in die Grundgedanken der Bohrschen Theorie einzuführen und einige ihrer Ergebnisse zu schildern. Es ist in erster Linie für solche Leser bestimmt, die mit der modernen Entwicklung der Wissenschaft Schritt zu halten wünschen, aber keine Zeit oder Neigung haben, sich in die abstrakten mathematischen Schriften zu vertiefen, in denen diese Entwicklung meistens niedergelegt ist. Wir haben uns daher bemüht, bei der Darstellung möglichst wenig beim Leser vorauszusetzen. Zu diesem Zwecke, wie auch um eine richtige Würdigung der Bedeutung von Bohrs Werk zu ermöglichen, sind in den ersten vier Kapiteln alle die Teile der Physik und Chemie, die eng mit der Atomtheorie zusammenhängen, kurz dargestellt. Auf mathematische Entwicklungen im Text ist verzichtet worden, und der physikalische Sinn der wenigen mathematischen Formeln, welche vorkommen, ist im Text auseinandergesetzt. Wir hoffen aber, daß manche Leser, die schon einige physikalische und mathematische Vorkenntnisse mitbringen, durch das Buch zu einem eingehenderen Studium der Bohrschen Theorie angeregt werden mögen; zur Erleichterung der ersten Schritte in dieser Richtung sind im Anhang die einfachsten Rechnungen der Theorie, auf die im Texte Bezug genommen wird, in leichtfaßlicher Form wiedergegeben.

Das dänische Original dieses Buches erschien Ende 1922, eine verbesserte englische Ausgabe 1923. Eine deutsche Ausgabe konnte insofern überflüssig scheinen, als schon von deutschen Autoren verschiedene treffliche leichtverständliche Darstellungen der modernen Atomtheorie vorliegen. Wenn wir uns trotzdem zu solcher deutschen Ausgabe entschlossen haben, so geschah es auf Wunsch und Rat deutscher Fachgenossen, die darauf hinwiesen, daß eine aus BOHRS engstem Wirkungskreise stammende Darstellung, welche den Ursprung der Theorie und ihre Entwicklung bis in die jüngste Gegenwart ganz unter dem Gesichtswinkel ihres Schöpfers schildert, auch in deutschsprechenden Kreisen willkommen sein würde. Die vorliegende deutsche Ausgabe wurde der Hauptsache nach aus dem dänischen Original übersetzt; jedoch wurden, außer den schon in der englischen Ausgabe enthaltenen Verbesserungen, erhebliche weitere Änderungen und Ergänzungen vorgenommen, welche den neuesten Fortschritten Rechnung tragen. Größtenteils ganz neu ist das VI. Kapitel, welches von KRAMERS verfaßt wurde und das eine kurze Darstellung der neuen Anschauungen über die Wechselwirkung zwischen Licht und Stoff enthält, die im letzten Jahre von BOHR und seinen Mitarbeitern entwickelt wurden; da diese Anschauungen sich auf die Grundfragen der Bohrschen Theorie wie überhaupt auf die brennenden Probleme der modernen Physik beziehen, so glauben wir, daß sie auch für den Leserkreis dieses Buches von Interesse sein können.

Schließlich ist es uns eine angenehme Plicht, Professor ARNDT unseren Dank auszusprechen für die Mühe und große Sorgfalt, die er auf die Übersetzung verwendet hat, sowie auch für manche wertvolle Ratschläge betreffs Einzelheiten in der Darstellung,

Kopenhagen, März 1925.

H. A. Kramers. Helge Holst.

Inhaltsverzeichnis.

Erstes Kapitel.
Atome und Moleküle.

Seite

Die Atomtheorie und die Chemie 3
Physikalische Molekulartheorien 19

Zweites Kapitel.
Die Lichtwellen und das Spektrum.

Die Wellentheorie des Lichtes 29
Die Auflösung des Lichtes in Farben 37
Spektrallinien 41

Drittes Kapitel.
Ionen und Elektronen.

Ältere elektrische Theorien und Gesetze 53
Elektrolyse 56
Erscheinungen in Entladungsröhren 58
Die Natur der Elektrizität 62
Die Lorentzsche Elektronentheorie 64
Luftionisierung durch Strahlen. Radioaktivität 66

Viertes Kapitel.
Das Atom als Planetensystem.

Einleitung 71
Das Rutherfordsche Atommodell 72
Kernladung, Atomnummer und Atomgewicht 76
Der Bau der Atomkerne 80
Grundstoffverwandlung und Gewinnung von Atomenergie 83

Fünftes Kapitel.
Die Bohrsche Theorie des Wasserstoffspektrums.

Das Rutherfordsche Atom und die Elektrodynamik 88
Die Quantentheorie 92
Die Grundzüge der Bohrschen Theorie 97
Ableitung der Rydbergschen Konstanten 106
Das Korrespondenzprinzip 110
Das falsche Wasserstoffspektrum 113
Einführung von mehr als einer Quantenzahl 115
Einflüsse von magnetischen und elektrischen Feldern auf die Wasser-
    stofflinien 120

Sechstes Kapitel.
Die Wechselwirkung zwischen Licht und Stoff.

Seite

Einleitung 122
Die Theorie der Lichtquanten 124
Einsteins Theorie der Wärmestrahlung 130
Bohrs neue Auffassung der Grundpostulate 133

Siebentes Kapitel.
Verschiedene Anwendungen der Bohrschen Atomtheorie.

Einleitung 141
Verschiedene Emissionsspektren 141
Elektronenstöße 150
Absorption 154

Achtes Kapitel.
Der Atombau und die chemischen Eigenschaften der Stoffe.

Die Vereinigung von Atomen zu Molekülen 160
Das periodische System der Elemente 163

Anhang.

 I. Erklärung der Symbole, die im Buche mehrfach vorkommen, und
    Angabe der Zahlenwerte wichtiger physikalischer Konstanten . 184
II. Die einfachsten Rechnungen der Bohrschen Theorie des Wasser-
    stoffatoms 185

Sachverzeichnis 190

Erstes Kapitel

Atome und Moleküle.

Schon etwa 400 Jahre v. Chr. lehrte der griechische Philosoph DEMOKRIT, daß die Welt nur aus leerem Raume und aus unendlich vielen kleinen unsichtbaren Teilchen bestehe, die in Form und Größe verschieden seien und die mit ihren Anordnungen und Bewegungen, ihrer Vereinigung und Trennung die Ursache seien zur Bildung von Körpern mit verschiedenen Eigenschaften und zu allen Veränderungen. Diese Lehre, die übrigens wohl älter war als DEMOKRIT, wurde später als Atomlehre bezeichnet, indem die Teilchen „Atome", d. h. Unteilbare genannt wurden.

Diese atomistische Weltauffassung trug jedoch im Altertum nicht den Sieg davon. ARISTOTELES (384—322 v. Chr.), dessen umfassende Naturphilosophie in hohem Grade der Naturauffassung des Altertums und noch mehr der des Mittelalters ihren Stempel aufdrückte, wandte sich geradezu gegen die Atomistik. Er leugnete die Existenz des leeren Raumes und betrachtete den Stoff als kontinuierlich, d. h. als ununterbrochen raumfüllend. Diese Auffassung schien auch am besten mit der unmittelbaren Beobachtung übereinzustimmen, nach welcher z. B. ein Metall- oder Glasstück, eine Wasser- oder Luftmenge als Stoffteile von vollständig homogenem (gleichartigem) Charakter ohne Teilchen und Zwischenräume erscheinen. Da jedoch andererseits die Teilchen nach der Atomlehre so klein sein sollten, daß sie als solche nicht sichtbar sind, so konnte der genannte Eindruck die Atomlehre auch nicht widerlegen, und diese Lehre enthielt Möglichkeiten für ein tieferes Eindringen in das physikalische Wirken. Wenn Luft zusammengedrückt wurde und sich wieder ausdehnte, wenn Salz in Wasser unter Bildung einer neuen, anscheinend homogenen Flüssigkeit (Salzwasser) sich auflöste, wenn Silber in der Wärme schmolz, wenn Licht seine Farbe beim Durchgang durch Wein änderte usw., so ging offenbar im Innern der Stoffe etwas vor sich. Aber absolute Gleichartigkeit bedeutet absolute Ereignislosigkeit: „Ohne Personen kein Drama". Wie sollte es möglich sein, das innere Geschehen, das diesen Zustandsänderungen zugrunde lag, zu erklären, oder überhaupt sich bestimmte Vorstellungen darüber zu bilden, wenn man sich das, was vorging, nicht als ein Wechselspiel denken konnte zwischen verschiedenen Teilen der anscheinend homogenen Stoffmasse; z. B. die Volumenverminderung der Luft als Folge der Annäherung der Teilchen aneinander, die Auflösung des Salzes in Wasser als ein Wandern der Salzteilchen zwischen die Wasserteilchen und Vereinigung mit diesen, das Schmelzen des Silbers als eine Lockerung des Zusammenhaltes zwischen den einzelnen Teilchen usw.?

Der Gedanke, daß der Stoff aus unsichtbaren Teilchen, den Atomen, bestehe, war demnach eine gesunde physikalische Anschauung, und er mußte anziehend wirken auf alle die, welche hinter den äußeren Schein zu dringen und auch das dahinter liegende verborgene Wirken in Zahl und Maß auszudrücken suchten. Die atomistische Auffassung wurde daher auch niemals ganz aufgegeben. Im Altertum wurde sie nach ARISTOTELES' Zeit von EPIKUR (ca. 300 v. Chr.), der als erster den Namen Atom eingeführt haben soll, und von dem römischen Dichter LUKREZ (ca. 75 v. Chr.) in seiner Schrift: „De rerum natura" verfochten, und selbst im Mittelalter tauchte sie bei einzelnen selbständig denkenden Männern auf, so bei NICOLAUS DE AUTRUCIA, welcher behauptete, daß alles Naturgeschehen nur Vereinigung oder Trennung von Atomen sei, aber freilich gezwungen wurde, diese Ketzerei zu widerrufen (1348). Nach dem Durchbruch der neuen Physik mit GALILEI (um 1600) gewannen atomistische Anschauungen nach und nach Boden, bald ausdrücklich ausgesprochen, bald als mehr oder weniger bewußter Hintergrund für die Theorien der betreffenden Physiker. Einzelne Forscher entwickelten umfassende Atomtheorien, wo alles mögliche auf Grund ganz willkürlicher Hypothesen und zum Teil ganz grober und naiver Vorstellungen über die Atome zu erklären versucht wurde. Ein solcher Versuch wurde um die Mitte des 17. Jahrhunderts von PIERRE GASSENDI in Frankreich unternommen. Er nahm z. B. (wie die Atomistiker des Altertums), um die Festigkeit der Körper zu erklären, hakenförmig gebogene Atome an, die ineinander eingreifen könnten; die Kälte betrachtete er als einen besonderen

Stoff, dessen Atome die Form von Tetraedern besäßen, d. h. von Körpern mit vier dreieckigen Seiten und vier Spitzen; diese Spitzen sollten es sein, welche das eigenartige prickelnde Kältegefühl auf der Haut hervorbrachten. Eine viel modernere Auffassung der Atome treffen wir 100 Jahre später bei dem Südslawen Boscovich. Ihm war es klar, daß man sich die Atome nicht als Kugeln, Würfel oder andere scharf begrenzte Körper vorzustellen brauche; er dachte sie sich als Punkte im Raume, aber doch nicht bloß als mathematische Punkte, sondern als „Kraftzentren", d. h. er nahm an, daß sie aufeinander mit Kräften wirkten, die sich in recht verwickelter Weise mit dem Abstand vom Zentrum änderten, wodurch eine Erklärung des verwickelten Verhaltens der Stoffe möglich sein sollte. Für solche eingehenden Atomtheorien, die offenbar durch Newtons Lehre von den Fernkräften zwischen den kleinsten wie den größten Stoffteilen inspiriert waren, war die Zeit indessen noch keineswegs reif; z. B. kannte man keinen physikalischen Versuch, dessen Ergebnisse mit Sicherheit als Ausdruck der Eigenschaften einzelner Atome betrachtet werden konnten.

Die Atomtheorie und die Chemie.

Atomistische Betrachtungen von ganz anderer Art hatten mittlerweile einen gesunden und klärenden Einfluß innerhalb der Chemie ausgeübt, wo die Atomtheorie sich etwas später als außerordentlich fruchtbar erweisen sollte. Ganz besonders auf dem Gebiete der Chemie, wo es sich recht eigentlich um das „innere Leben" der Stoffe handelte, hatte das Vorherrschen der Aristotelischen Philosophie großen Schaden angerichtet. Aristoteles hatte die berühmte Lehre von den vier „Elementen" aufgenommen und weiter entwickelt, nämlich von der trockenen und kalten

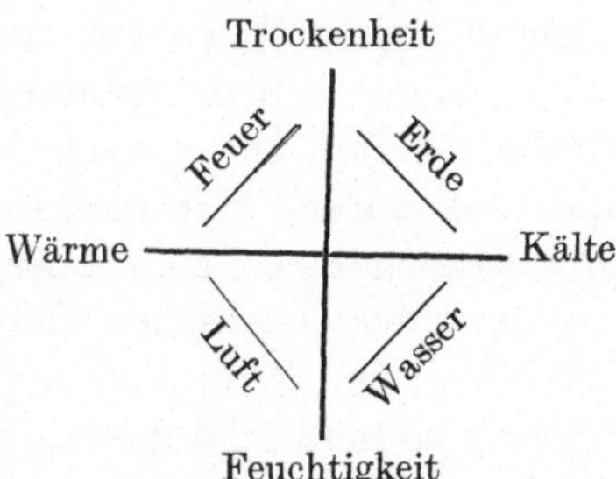

Abb. 1. Die vier Elemente und die vier Grundeigenschaften.

Erde, dem kalten und feuchten (fließenden) Wasser, der feuchten (fließenden) und warmen Luft und dem warmen und trocknen

Feuer. Diese Elemente hatten indessen gar nichts mit dem zu tun, was man heute unter Elementen oder Grundstoffen versteht; sie waren bloß die Vertreter für die verschiedene Vereinigung der vier Eigenschaften: Trockenheit, Feuchtigkeit, Wärme und Kälte, welche recht willkürlich und eigentlich nur einer hübschen Symmetrie im System zuliebe als Grundeigenschaften aufgestellt wurden, und durch deren Mischung in verschiedenen Verhältnissen alle Eigenschaften der Stoffe zustandekommen sollten. Weder die vier Elemente noch die vier Grundeigenschaften ließen sich indessen klar und bestimmt definieren; es waren vage Begriffe, mit denen man in langen dialektischen Auseinandersetzungen jonglieren konnte, aber keine physikalischen Größen, die sich in Zahl oder Maß ausdrücken ließen. Eine Chemie, welche die griechische Elementlehre zur theoretischen Grundlage hatte, mußte notwendig im Nebel arbeiten; zweifellos hat die hierdurch bedingte Unklarheit dazu beigetragen, daß die viele Arbeit, die im Mittelalter auf chemische Versuche — besonders zum Zwecke der Verwandlung unedler Metalle in Gold — eingesetzt wurde, nur verhältnismäßig geringe Ergebnisse zeitigte. Natürlich wurden aber doch manche bedeutenden chemischen Entdeckungen gemacht, und die Theorien wurden im Laufe der Zeit in verschiedener Weise verändert und weiter entwickelt; so lehrten die Alchemisten des Mittelalters, daß Metall nur aus Schwefel und Quecksilber bestehe; aber die Auffassung dieser Theorie hatte doch das Gepräge der griechischen Elementlehre, welche gleichzeitig aufrechterhalten wurde: auch diese neuen „Metallelemente" wurden, jedenfalls von vielen, eher für gewisse Seiten in den Eigenschaften der Metalle als für bestimmte Stoffe gehalten, die mit den bekannten Stoffen gleichen Namens identisch wären. Man muß sich aber doch hüten, einer einzelnen Anschauung einen zu großen Einfluß auf die historische Entwicklung der chemischen und physikalischen Wissenschaft zuzuschreiben; und wenn diese in ihrem Wachstum so lange gehemmt blieben, so muß man die tiefere Ursache dazu in dem Autoritätsglauben und in der ganzen eigenartigen psychologischen Einstellung suchen, welche in den der Renaissance vorangehenden Jahrhunderten das Denken im Abendlande beherrschten.

Einer der Männer, denen besonders die Ehre gebührt, die älteren, aus unklaren philosophischen Betrachtungen entsprungenen Vorstellungen über Elemente oder Grundstoffe beseitigt und durch eine klarere und bestimmtere Auffassung dieses Begriffes ersetzt zu haben, ist der Engländer ROBERT BOYLE (1627 bis 1691). Für ihn war ein Grundstoff einfach ein Stoff, den man durch keinerlei Behandlung in andere Stoffe zerlegen, wohl aber mit anderen Grundstoffen zu chemischen Verbindungen vereinigen konnte, die ganz andere Eigenschaften hatten und durch geeignete Hilfsmittel wieder in die Grundstoffe, aus denen sie entstanden waren, zerlegt werden konnten. Zweifellos stand BOYLES klarere Auffassung dieses Sachverhaltes in engem Zusammenhange damit, daß seine Vorstellungen über die Materie atomistischer Art waren. Nach der Atomlehre bestehen ja die chemischen Prozesse nicht in einer Verwandlung des Stoffes, sondern in einer Trennung oder Vereinigung von Stoffteilchen; wenn z. B. aus Schwefel und Eisen sich ein neuer Stoff, Schwefeleisen, mit ganz anderen Eigenschaften bildet, so bedeutet das, daß in letzterem die Schwefelatome und die Eisenatome, die vorher jede für sich beieinander waren, nunmehr zusammengemischt und auf die eine oder andere Weise wechselseitig vereinigt sind; aber in dem neuen Stoff sind die beiden Arten von Atomen nach wie vor in gleicher Anzahl wie vorher zugegen. Es hat also hier einen ganz bestimmten Sinn, wenn man sagt, daß Schwefeleisen aus Schwefel und Eisen „besteht", und daß diese Stoffe beide in dem neuen Stoff zugegen sind. Die Aussage, daß Eisen ein Grundstoff ist, hat den bestimmten Sinn, daß man nicht — oder jedenfalls nicht mit irgendeinem bekannten Mittel — seine Teile in verschiedene Arten von Atomen auseinandersortieren kann, von denen jede für sich einen Stoff mit anderen Eigenschaften als Eisen ergibt.

Die aus den atomistischen Vorstellungen entsprungene klarere Auffassung der Begriffe Grundstoff und chemische Verbindung hatte sicher große Bedeutung für die chemische Forschung in der folgenden Zeit; aber bevor die Atomlehre eine größere Rolle in der Chemie spielen konnte, mußte letztere noch eine große Entwicklung durchmachen. Zu BOYLES Zeit und noch lange später war man sich durchaus nicht klar darüber, welche Stoffe die Grundstoffe wären; man betrachtete so im allgemeinen Wasser als einen Grundstoff, und nach der von dem Deutschen STAHL (1660—1734) entwickelten sogenannten „Phlogistontheorie", die lange Zeit die Chemie beherrschte, waren die Metalle chemische

Verbindungen, bestehend aus einem luftförmigen Stoff „Phlogiston“, der beim Erhitzen der Metalle an der Luft fortging, und den „Metallkalken“, die dabei zurückblieben. Erst in den 70er und 80er Jahren des 18. Jahrhunderts wurde der Grund zu der neueren chemischen Wissenschaft gelegt, und zwar durch eine Reihe von Entdeckungen und Untersuchungen des Deutsch-Schweden Scheele, der Engländer Priestley und Cavendish und besonders des Franzosen Lavoisier. Man erkannte, daß Wasser eine chemische Verbindung der gasförmigen Grundstoffe Sauerstoff und Wasserstoff war, die Luft hauptsächlich ein Gemisch der Grundstoffe Sauerstoff und Stickstoff, daß die Verbrennung ein chemischer Prozeß war, bei dem ein Stoff sich mit Sauerstoff vereinigte, daß die Metalle Grundstoffe waren, die Metallkalke dagegen chemische Verbindungen von Metall und Sauerstoff usw. Von ganz besonderer Bedeutung für das Verhältnis der Atomlehre zur Chemie war es, daß Lavoisier die Wage zu einem der allerwichtigsten Werkzeuge der wissenschaftlichen Chemie machte.

Natürlich hatte man auch in früheren Fällen Wägungen bei chemischen Untersuchungen benutzt; aber man begnügte sich mit recht groben Wägungen, und die Ergebnisse hatten merkwürdig wenig Einfluß auf die chemischen Theorien; so wurde z. B. die Phlogistontheorie aufrechterhalten, obschon man wußte, daß die Metallkalke mehr wogen als das Metall, aus dem sie entstanden waren; man suchte sich zu helfen durch die Annahme, das Phlogiston habe ein negatives Gewicht. Nunmehr aber stellte Lavoisier auf Grund sehr sorgfältiger Wägungen fest, daß chemische Vereinigungen oder Trennungen niemals das Gewicht der Stoffmengen, die darin eingingen, veränderten; z. B. wog eine bestimmte Menge Metallkalk (Metalloxyd) genau so viel, wie die Mengen von Metall und Sauerstoff zusammen, die bei der Bildung des Metallkalkes verbraucht wurden oder bei seiner Zerlegung entstanden. Vom Standpunkt der Atomlehre bedeutete dieses offenbar, daß das Gewicht der Atome durch die bei den chemischen Prozessen vor sich gehenden Vereinigungen und Trennungen von Atomen nicht verändert wurde oder mit anderen Worten, daß das Gewicht eines Atoms eine unveränderliche Größe ist. Hier haben wir also die erste durch Versuche festgestellte Eigenschaft des Atoms selber — freilich eine Eigen

schaft, die wohl die meisten Anhänger der Atomtheorie stillschweigend vorausgesetzt hatten. Durch Gebrauch der Wage
wurde weiterhin festgestellt, daß jeder einzelnen chemischen
Verbindung ein ganz bestimmtes Gewichtsverhältnis
zwischen den darin enthaltenen Grundstoffen entsprach. Auch dies hat sicher vielen oder gar den meisten Che-
mikern schon vorher als zum mindesten in hohem Grade wahrscheinlich gegolten; aber es soll doch erwähnt werden, daß das
Gesetz eine Zeit lang von verschiedenen Seiten heftig bestritten
wurde.

Weiterhin kam man nun auch durch Vergleich der Gewichts-
verhältnisse in verschiedenen chemischen Verbindungen zu
gewissen Regeln. Am Anfang des vorigen Jahrhunderts stellte
so der Engländer John Dalton die Regel auf, welche als das
Gesetz der multiplen Proportionen bezeichnet wird. Als
Beispiel für dieses Gesetz sei angeführt, daß in den beiden Verbindungen von Kohlenstoff und Wasserstoff, welche Methan
(Sumpfgas, leichter Kohlenwasserstoff) und Äthylen (schwerer
Kohlenwasserstoff) heißen, sich die mit der gleichen Menge
Kohlenstoff verbundenen Wasserstoffmengen, wie Dalton zeigte,
genau wie 2 zu 1 verhalten. Andere Beispiele, die freilich nur
teilweise aus Daltons Untersuchungen stammen, haben wir in
den Verbindungen des Kohlenstoffs und des Stickstoffs mit
Sauerstoff. In den beiden Sauerstoffverbindungen des Kohlenstoffs, nämlich in den Gasen Kohlenoxyd und Kohlendioxyd, sind
die Gewichtsverhältnisse zwischen Kohlenstoff und Sauerstoff
3 zu 4 bzw. 3 zu 8; eine bestimmte Menge Kohlenstoff hat also
im Kohlendioxyd sich mit genau doppelt soviel Sauerstoff verbunden wie im Kohlenoxyd. Vom Stickstoff kennt man nicht
weniger als 5 Sauerstoffverbindungen, in denen sich die mit einer
bestimmten Menge Stickstoff verbundenen Sauerstoffmengen wie
die ganzen Zahlen 1, 2, 3, 4, 5 verhalten.

Diese einfachen Zahlenverhältnisse lassen sich nun aus der
Atomtheorie in außerordentlich einfacher Weise erklären, wenn
man erstens annimmt, daß alle Atome desselben Grundstoffes
dasselbe Gewicht haben und zweitens, daß bei der Bildung einer
chemischen Verbindung zwischen zwei Grundstoffen sich deren
Atome zu einer für die betreffende chemische Verbindung charakteristischen Atomgruppe zusammenschließen — einem „zu-

sammengesetzten Atom", wie DALTON es nannte, oder wie wir
heute sagen, einem „Molekül" —, welche nur ganz wenige Atome
enthält, z. B. eins von jeder Art, oder eins von der einen und zwei,
drei oder vier von der anderen, zwei von der einen Art und drei
von der anderen Art usw. Waren drei Grundstoffe in einer chemischen Verbindung enthalten, so mußte deren Molekül aus mindestens drei Atomen aufgebaut sein, konnte aber auch vier, fünf
oder mehr enthalten. Das Gesetz der multiplen Proportionen
mußte dadurch eine etwas verwickeltere Form annehmen, aber
doch auch unter diesen Umständen zutagetreten.

Als DALTON im Anfange des vorigen Jahrhunderts seine
Theorie des Aufbaues der chemischen Verbindungen aus Grundstoffatomen aufstellte, zog er mit einem Schlage die Atomtheorie
in die praktische Forschung hinein, und es sollte sich bald zeigen,
daß letztere dadurch ein Hilfsmittel von unschätzbarem Wert
erhalten hatte. Wir können sagen, daß DALTONS Atomtheorie
die feste Grundlage wurde, auf welcher die Chemie der Gegenwart
aufgebaut ist.

Während DALTONS Theorie über das absolute Gewicht des
einzelnen Atoms — sein Gewicht in Grammen — keinen Aufschluß geben konnte, vermochte sie dagegen etwas über die
relativen Atomgewichte auszusagen, d. h. über das Verhältnis
der Gewichte der verschiedenen Atome, wenn schon sie dieses
nicht ganz sicher festlegen konnte. Wenn z. B. das Gewichtsverhältnis zwischen Sauerstoff und Wasserstoff im Wasser sich als
8 zu 1 ergibt, so muß das Gewichtsverhältnis zwischen dem
Sauerstoffatom und dem Wasserstoffatom dann 8 zu 1 sein,
wenn das Wassermolekül aus einem Sauerstoff- und einem Wasserstoffatom aufgebaut ist (wie DALTON annahm — vgl. Abb. 2),
dagegen 16 zu 1, falls es aus einem Sauerstoff- und 2 Wasserstoffatomen besteht (wie wir heute wissen). Ein Verhältnis der
Atomgewichte von 7 zu 1 dagegen wäre nur dann mit dem durch
Versuch gefundenen Gewichtsverhältnis (8 zu 1) zwischen den
beiden Stoffen vereinbar, wenn man annähme, daß das Wassermolekül aus mindestens 15 Atomen bestände, nämlich aus 8 Sauerstoff- und 7 Wasserstoffatomen, was sehr wenig wahrscheinlich ist.
Auch durch Vergleich der Gewichtsmengen von Sauerstoff und
Wasserstoff, die in Kohlenoxyden und Kohlenwasserstoffen mit der
gleichen Menge Kohlenstoff verbunden waren, konnte man unter

der Voraussetzung, daß die betreffenden Moleküle einfach gebaut
seien, Schlüsse über das Verhältnis zwischen den Atomgewichten

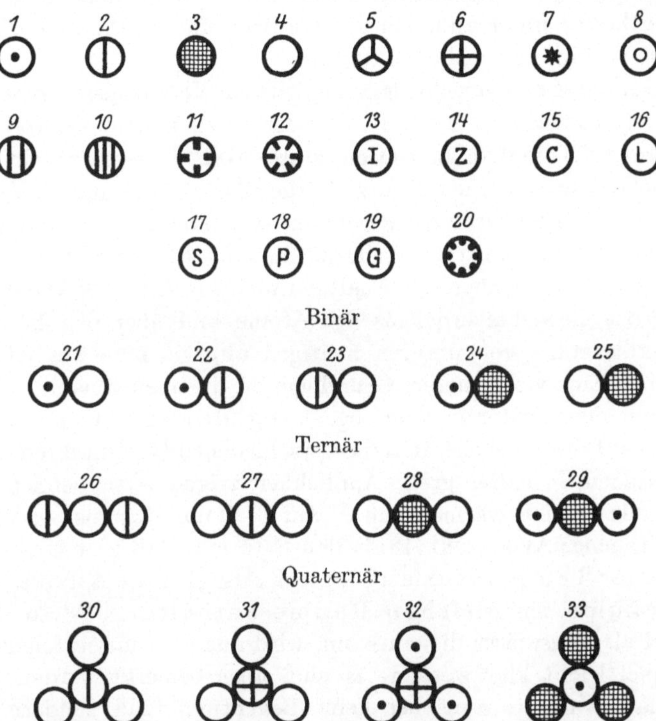

Abb. 2. Wiedergabe eines Teiles von DALTONs Atomtabelle (von 1808), wo jedes der verschiedenen Grundstoffatome sein Zeichen hat und die chemischen Verbindungen durch die
angenommene Vereinigung von Grundstoffatomen zu Gruppen von 2, 3, 4 usw. Atomen
(„binäre, ternäre, quaternäre Atome") ausgedrückt sind. Im folgenden sind die Bedeutungen
der einzelnen Atomzeichen und in Klammern die von DALTON angenommenen Atomgewichte
mit dem des Wasserstoffs als Einheit, sowie die Bedeutung der abgebildeten Atomgruppen
angegeben.
Grundstoffatome: 1. Wasserstoff, 2. Stickstoff (5), 3. Kohlenstoff (5), 4. Sauerstoff (7), 5. Phosphor (9), 6. Schwefel (13), 7. Magnesia (20), 8. Kalk (23), 9. Natron (28),
10. Kali (42), 11. Strontian (46), 12. Baryt (68), 13. Eisen (38), 14. Zink (56), 15. Kupfer (56),
16. Blei (95), 17. Silber (100), 18. Platin (100), 19. Gold (140), 20. Quecksilber (167).
Chemische Verbindungen: 21. Wasser, 22. Ammoniak, 23., 26., 27. und 30. Sauerstoffverbindungen des Stickstoffs, 24., 29. und 33. Wasserstoffverbindungen des Kohlenstoffs, 25. Kohlenoxyd, 28. Kohlendioxyd, 31. Schwefelsäure (Anhydrid), 32. Schwefel-
wasserstoff.

von Sauerstoff und Wasserstoff ziehen. Falls man nun hieraus zu
einem Verhältnis 7 zu 1 oder 14 zu 1 gelangte, während die Untersuchung („Analyse") des Wassers 8 zu 1 oder 16 zu 1 ergab, dann
mußte entweder der Bau der Moleküle erheblich verwickelter sein

als angenommen oder die Analysen mußten ungenau gewesen sein, was sich dann, wie bei unserem Beispiel, durch gründlichere Untersuchungen mußte feststellen lassen. Man versteht danach, daß die Atomtheorie unter anderem als Kontrolle für die Analyse chemischer Verbindungen dienen konnte.

Um unter den verschiedenen möglichen Verhältnissen zwischen den Atomgewichten (z. B. 8 zu 1 oder 16 zu 1 für Sauerstoff und Wasserstoff) die Wahl zu treffen, mußte DALTON gewisse recht willkürliche Annahmen machen, z. B. die, daß zwei Grundstoffe, von denen nur eine Verbindung bekannt war, nur mit je einem Atom in deren Molekül auftrete. Teils aus diesem Grunde und teils wegen der Unvollkommenheit der Analysen weichen DALTONS Annahmen über das Gewichtsverhältnis der Atome und über den Bau der Moleküle stark von unseren heutigen ab, wie man aus Abb. 2 ersieht. Eine viel sicherere Grundlage für die oben genannte Wahl gewann man später in dem sog. Avogadroschen Gesetz. Gestützt auf die Tatsache, daß die verschiedenen Gase in ihrem physikalischen Verhalten große Ähnlichkeit zeigen — sie dehnen sich z. B. alle beim Erwärmen von $0°$ auf $1°$ C um $^1/_{273}$ aus —, stellte der Italiener AVOGADRO (1811) den Satz auf, daß alle Gase bei gleicher Temperatur und Druck die gleiche Anzahl von Molekülen im gleichen Raume enthalten. Wieso diese Regel als Wegweiser dienen kann, wird aus dem unten folgenden Beispiel leicht klar werden; es muß aber bemerkt werden, daß Avogadros Gesetz zunächst keine Beachtung fand, sondern erst um die Mitte des Jahrhunderts neu belebt wurde und erst dann die aus ihm sich ergebenden Folgerungen über die Atomanzahlen in Molekeln allgemein anerkannt wurden.

Wenn ein Raumteil des gasförmigen Grundstoffes Chlor sich mit einem Raumteil Wasserstoff vereinigt, so entstehen nicht ein, sondern zwei Raumteile (auf gleiche Temperatur und Druck bezogen) der gasförmigen chemischen Verbindung Chlorwasserstoff. Nach Avogadros Gesetz bilden sich also aus einem Molekül Chlor und einem Molekül Wasserstoff zwei Moleküle Chlorwasserstoff. Da nun jedes der zwei Moleküle mindestens ein Atom Chlor und ein Atom Wasserstoff enthalten muß, so muß ein Molekül Chlor und ein Molekül Wasserstoff mindestens zwei Atome enthalten. Man lernt also hieraus, daß auch in den Grundstoffen selbst die Atome sich zu Molekülen vereinigen; man hat feststellen können, daß in Wirklichkeit die allermeisten Grundstoffmoleküle „zweiatomig" sind; andere, darunter Quecksilber, wie überhaupt Metalldämpfe, sind jedoch „einatomig". Wenn Sauerstoff und Wasserstoff sich zu Wasser vereinigen, so entsteht aus 1 l Sauerstoff und 2 l Wasserstoff 2 l Wasserdampf von gleicher Temperatur und Druck; also bilden sich aus 1 Molekül Sauerstoff und 2 Molekülen Wasserstoff 2 Moleküle Wasser. Ist nun das Sauerstoffmolekül ebenso wie das Wasserstoffmolekül zweiatomig, so wird also 1 Molekül Wasser 1 Sauerstoffatom und 2 Wasserstoffatome enthalten; da das Gewichtsverhältnis zwischen Sauerstoff und Wasserstoff in Wasser 8 zu 1 ist, so muß also das Atomgewicht des Sauerstoffes 16 mal das des Wasserstoffes sein.

Durch solche Betrachtungen und unter Zuhilfenahme anderer Regeln, die sich als Wegweiser geeignet erwiesen hatten, ist es dann nach und nach gelungen, sichere Zahlenangaben für die Verhältnisse zwischen dem Gewicht aller bekannten Grundstoffatome und dem Atomgewicht des Wasserstoffes zu erhalten. Man pflegt letzteres mit der Zahl 1 zu bezeichnen und dementsprechend das Verhältnis zwischen dem Gewicht eines bestimmten Grundstoffatoms zu dem Gewicht des Wasserstoffatoms das „Atomgewicht" des betreffenden Grundstoffes zu nennen. Das Atomgewicht des Sauerstoffes ist also 16, das des Kohlenstoffes 12, indem ein Kohlenstoffatom soviel wiegt, wie 12 Wasserstoffatome; Stickstoff hat das Atomgewicht 14, Schwefel 12, Kupfer 63,6, Zink 65,4, Silber 107,9 usw.

Die Übersicht über die Zusammensetzung der chemischen Verbindungen und die chemischen Prozesse wurde in hohem Grade erleichtert durch das von dem schwedischen Chemiker BERZELIUS (1779—1848) begründete Zeichensystem, in welchem der Anfangsbuchstabe, oder dieser und noch ein weiterer Buchstabe, des lateinischen Namens des Grundstoffes sowohl diesen Grundstoff selbst wie auch ein Atom desselben und sein Atomgewicht mit dem des Wasserstoffes als Einheit bezeichnet, während eine kleine Zahl rechts unter dem Buchstaben die Anzahl der Atome ausdrückt. Wenn man z. B. angibt, daß die chemische Formel der Schwefelsäure H_2SO_4 ist, so faßt man damit die Aussagen zusammen, daß dieser Stoff eine chemische Verbindung von Wasserstoff (Hydrogenium), Schwefel (Sulfur) und Sauerstoff (Oxygenium) ist, daß das Schwefelsäuremolekül aus 2 Atomen Wasserstoff, 1 Atom Schwefel und

4 Atomen Sauerstoff besteht, und daß das Gewichtsverhältnis zwischen den drei Bestandteilen 2 mal 1 = 2 zu 32 zu 4 mal 16 = 64 oder 1 : 16 : 32 ist. Daß die chemische Formel des Zinkchlorids $ZnCl_2$ ist, bedeutet, daß Zinkchlorid eine chemische Verbindung von einem Atom Zink und 2 Atomen Chlor ist usw. Ferner können die Umsetzungen, die bei einem chemischen Prozeß vor sich gehen, sehr einfach ausgedrückt werden, z. B. die Zerlegung des Wassers in Sauerstoff und Wasserstoff durch $2\,H_2O \rightarrow 2\,H_2 + O_2$, indem H_2 und O_2 die Moleküle von Wasserstoff und Sauerstoff bezeichnen, und umgekehrt die Vereinigung von Wasserstoff und Sauerstoff zu Wasser durch: $2\,H_2 + O_2 \rightarrow 2\,H_2O$.

Nach der hier entwickelten Atomtheorie sind die Grundstoff-atome gewissermaßen die Bausteine, aus denen sowohl Grundstoffe wie chemische Verbindungen aufgebaut sind; man kann auch sagen, daß sie die kleinsten Stoffteile sind, mit denen die Chemiker bei den chemischen Prozessen rechnen. Dagegen folgt nicht aus der Theorie, daß diese Bausteine an sich unteilbar sind, sie läßt vielmehr freien Spielraum für den Gedanken, daß sie aus kleineren Teilen zusammengesetzt sind. Eine Theorie, die hierauf hinausläuft, wurde denn auch kurze Zeit nach der Entwicklung der Atomtheorie durch DALTON von dem Engländer PROUT aufgestellt. PROUT nahm an, daß das Wasserstoffatom das eigentliche „Grundatom" sei, und daß die anderen Grundstoffatome aus einer größeren oder kleineren Zahl von Wasserstoffatomen bestünden. Hierfür sprach, daß viele Atomgewichte, so genau man sie damals untersuchen konnte, ganze Vielfache von dem des Wasserstoffes zu sein schienen, das des Sauerstoffs 16, des Stickstoffs 14, des Kohlenstoffs 12 mal soviel usw. Der Gedanke lag nahe, daß dies von allen gelte, und diese Hypothese gab Anlaß zu sehr sorgfältigen Atomgewichtsbestimmungen, welche indessen zeigten, daß die Annahme der ganzzahligen Vielfachen sich nicht aufrechterhalten ließ. Danach schien es, daß Prouts Hypothese aufgegeben werden müßte; in unseren Tagen ist sie dagegen wieder zu Ehren gekommen, wenn auch die Verhältnisse verwickelter sind, als PROUT vermutete (vgl. Abschnitt IV).

DALTONS Atomtheorie sagte überhaupt nichts anderes über die Atome aus, als daß jede Art von Grundstoffatomen ein bestimmtes unveränderliches Gewicht hätte, und daß sie sich in gewissen einfachen Zahlenverhältnissen zu Molekülen zusammenfügen könnten.

Was für Kräfte es waren, die sie hierzu veranlaßten, und warum sie gewisse Vereinigungen anderen vorzogen, das war ein viel tiefer liegendes Problem, auf dessen Lösung man keine begründete Aussicht hatte, bevor nicht durch chemische und physikalische Untersuchungen eine große Summe von Wissen angesammelt war, auf welchem die Spekulation aufbauen konnte.

Aus der Kenntnis der Atomgewichte konnte man offenbar leicht berechnen, welche Gewichtsverhältnisse in chemischen Verbindungen, deren Moleküle aus einfachen Atomkombinationen bestanden, auftreten konnten; und zahlreiche Verbindungen, die später dargestellt wurden, waren solchermaßen vorher auf dem Papier konstruiert. Aber es ließ sich doch nur ein kleiner Teil der Verbindungen, welche einfachen Atomkombinationen entsprochen hätten, wirklich darstellen, und es war offenbar eine der allerwichtigsten Aufgaben der Chemie, die in dieser Hinsicht geltenden Gesetze zu finden.

Schon aus früherer Zeit wußte man, daß die Grundstoffe anscheinend in zwei Hauptgruppen mit in mancher Beziehung entgegengesetzten Eigenschaften zerfielen, nämlich die Metalle und die übrigen, die oft unter dem Namen Metalloide zusammengefaßt werden; ferner kannte man zwei sehr wichtige Gruppen von chemischen Verbindungen, nämlich Säuren und was wir heute Basen nennen, mit teilweise entgegengesetzten Eigenschaften, welche sich sozusagen neutralisierten, indem aus Säuren und Basen zusammen eine dritte Gruppe von Verbindungen, die Salze, entstanden. Diese Tatsache, im Verein mit der sog. Elektrolyse, bei welcher ein elektrischer Strom gelöste Salze, Säuren usw. in zwei Bestandteile zerlegt, die mit bzw. gegen die Stromrichtung wandern, deutete in hohem Grade daraufhin, daß die Kräfte, welche die Atome zu einem Molekül zusammenzwingen, elektrischer Natur sind, d. h. von derselben Art wie die, welche positive elektrische Körper zu negativ elektrischen führen. Man kam dazu, die Metalle als „elektropositiv‘‘, die Metalloide als „elektro-negativ‘‘ zu bezeichnen, und es wurde frühzeitig, unter anderem von Berzelius, viel Arbeit darauf verwandt, elektrische Theorien für die chemischen Prozesse zu entwickeln. Aber obschon man hierbei auf der richtigen Spur war, hatte die Sache doch große, vorläufig unüberwindliche Schwierigkeiten. Als eine von diesen, die besonders in die Augen fällt, kann die Tatsache gelten, daß zwei Grundstoffatome der gleichen

Art, z. B. zwei Wasserstoffatome, sich zu einem zweiatomigen Molekül vereinigen, obgleich man glauben sollte, daß sie gleichnamig elektrisch wären und sich daher abstoßen müßten.

Ein anderer Umstand, der für die Beurteilung der Frage, welche chemischen Verbindungen sich wirklich bilden können, eine sehr große Rolle spielt, ist die sog. Wertigkeit der Grundstoffe. Wie erwähnt, vereinigt sich 1 Atom Sauerstoff mit 2 Atomen Wasserstoff, während 1 Atom Chlor sich nur mit 1 Atom Wasserstoff vereinigt. Das Sauerstoffatom scheint demnach „gleichwertig" zu sein mit 2 Atomen Wasserstoff oder 2 Atomen Chlor, während 1 Wasserstoffatom und 1 Chloratom „gleichwertig" oder „äquivalent" sind; nennt man das Wasserstoffatom oder Chloratom „einwertig", so ist das Sauerstoffatom „zweiwertig". Diese Verhältnisse lassen sich weiter verfolgen. Eine Säure ist eine chemische Verbindung, die Wasserstoff enthält, der unter Bildung eines Salzes durch Metall ersetzt werden kann. Wenn z. B. Zink in Schwefelsäure gelöst wird unter Bildung von Wasserstoff und dem Salz Zinkvitriol (Zinksulfat), so wird der Wasserstoff der Säure durch Zink ersetzt. Dieser chemische Prozeß kann wie folgt beschrieben werden: $Zn + H_2SO_4 \rightarrow H_2 + ZnSO_4$. Hier tauscht, wie man sieht, Zink seinen Platz gegen 2 Wasserstoffatome; das Zink ist zweiwertig. Dies stimmt dazu, daß 1 Atom Zink sich mit 1 Atom Sauerstoff verbindet. Wird Silber in Salpetersäure gelöst, so tauscht dagegen ein Atom Silber (Ag) seinen Platz mit 1 Atom Wasserstoff; Silber ist einwertig, und in Übereinstimmung damit kann 1 Atom Sauerstoff sich mit 2 Atomen Silber vereinigen. Andere Stoffe sind dreiwertig, wie Stickstoff (N), der mit Wasserstoff die Verbindung NH_3 (Ammoniak) bilden kann, oder das Metall Aluminium; wieder andere sind vierwertig, wie Kohlenstoff, dessen Atom sich mit 4 Wasserstoffatomen zu Methan (CH_4) und mit 2 Atomen Sauerstoff zu Kohlendioxyd (CO_2) vereinigen kann. Eine höhere Wertigkeit als 7 oder 8 kennt man jedoch bei keinem Grundstoff.

Wenn wir die Sache ganz grob nehmen und nicht besser sein wollen als Gassendi, so können wir uns diese Wertigkeitsverhältnisse erklären, wenn wir uns die Atome als mit Haken versehen vorstellen: das Wasserstoff- oder Chloratom mit 1 Haken, das Sauerstoffatom mit 2, das Stickstoffatom mit 3 usw. Wenn nun der Haken eines Wasserstoffatoms mit dem eines Chloratoms ver-

kettet ist, so sind keine weiteren Haken mehr frei; die Verbindung
ist gesättigt. Ebenso, wenn an jedem der beiden Haken des Sauer-
stoffatoms ein Wasserstoffatom angehakt ist (Abb. 3, *a*, *b* und *c*).

So einfach, wie eben dargestellt, sind die Verhältnisse jedoch
nicht, indem ein und derselbe Stoff oft mit verschiedener Wertigkeit
auftreten kann. Das Eisenatom (Fe) kann z. B. sowohl 2,3- wie

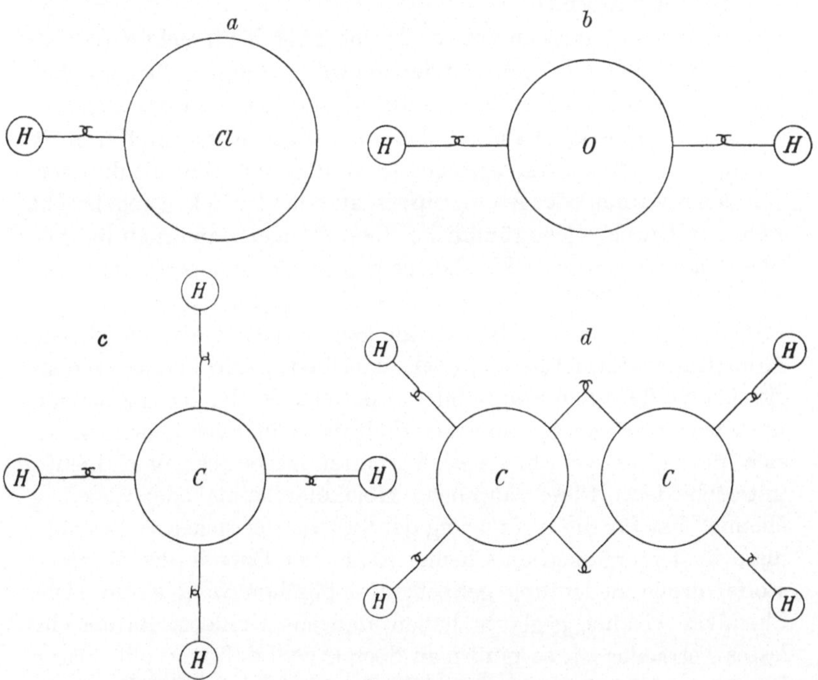

Abb. 3. Grobe Veranschaulichung der Wertigkeitsverhältnisse der Grundstoffe. *a* Chlorwasserstoff HCl, *b* Wasser H_2O, *c* Methan CH_4, *d* Äthylen C_2H_4.

6-wertig sein. In vielen Fällen dagegen, wo man durch bloße Betrachtung der Gewichtsverhältnisse den Eindruck gewinnen würde,
daß der Stoff seine Wertigkeit gewechselt habe, ist dies doch nicht
der Fall. Früher wurde erwähnt, daß Kohlenstoff außer dem
Kohlenwasserstoff Methan CH_4 einen anderen Kohlenwasserstoff,
Äthylen, mit halb so viel Wasserstoff bildet. Mit Hilfe des Avogadroschen Gesetzes findet man indessen, daß das Äthylenmolekül
nicht CH_2, sondern C_2H_4 ist, und man kann sich die Sache dann so
vorstellen, daß die beiden Kohlenstoffatome im Molekül mit

2 Hakenpaaren zusammengeheftet sind und die Bindungsver-
hältnisse im Äthylen durch die Formel
$$\begin{array}{c} H-C-H \\ \| \\ H-C-H \end{array}$$
dargestellt
werden können, wo die kleinen Striche den gedachten Haken entsprechen (vgl. Abb. 3, *d*). Man nennt eine solche Formel eine
„Konstitutionsformel‘‘.

Auch wenn man sich nun die Atome im Molekül nicht gerade als
mit Haken zusammengeheftet denken will, so kann es doch nützlich
sein, sich anschauliche Vorstellungen über den Bau des Moleküls
zu bilden. Man kann sich so das vierwertige Kohlenstoffatom in
Form eines Tetraeders vorstellen (S. 3) und sich die mit ihm verbundenen Atome oder Atomgruppen an den vier Ecken angebracht
denken. Durch solche räumliche Vorstellungen kann man in viele
chemische Verhältnisse Einblick gewinnen, die anders schwer zu erklären wären. Man versteht z. B., daß zwei Moleküle, welche dieselben Atome und dieselben Bindungen enthalten, also die gleiche
Konstitutionsformel haben, doch verschieden sein können, indem
sie sich wie Bild und Spiegelbild verhalten. Stoffe, deren Moleküle
in einem derartigen Symmetrieverhältnis zueinander stehen, lassen
sich durch ihr verschiedenes Verhalten gegenüber dem Lichte
unterscheiden. Diese räumliche Molekularchemie oder „Stereochemie‘‘ hat für die Aufklärung der äußerst verwickelten Verhältnisse in der organischen Chemie (d. h. der Chemie des Kohlenstoffs) große Bedeutung gehabt; und obschon wohl kaum viele
Chemiker wirklich geglaubt haben, daß das Kohlenstoffatom ein
festes Tetraeder ist, so muß man doch sagen, daß man auf diesen
Wegen den Geheimnissen des Atombaues ein gutes Stück näher-
gekommen ist.

Auch durch Vergleich der Eigenschaften der Grundstoffe mit
ihrem Atomgewicht ist man auf eigenartige Verhältnisse gestoßen,
welche zwar zunächst unverständlich waren, aber doch gewisse
Zusammenhänge zwischen dem inneren Bau der Atome und ihren
Eigenschaften ahnen ließen. Wir denken hierbei an das sog. natürliche oder „periodische‘‘ System der Grundstoffe, welches
1869 von dem Russen MENDELEJEFF und fast gleichzeitig und unabhängig von dem Deutschen LOTHAR MEYER aufgestellt wurde.
Worauf dieses hinausläuft, wird am besten klar durch Betrachtung
der Tabelle S. 17, in welcher die Grundstoffe, unter Hinzufügung

0	I.	II.	III.	IV.	V.	VI.	VII.	VIII.
	1 Wasserstoff H 1,008							
2 Helium He 4,00	3 Lithium Li 6,94	4 Beryllium Be 9,02	5 Bor B 10,8	6 Kohlenstoff C 12,0	7 Stickstoff N 14,0	8 Sauerstoff O 16	9 Fluor F 19,0	
10 Neon Ne 20,2	11 Natrium Na 23,0	12 Magnesium Mg 24,3	13 Aluminium Al 27,0	14 Silicium Si 28,1	15 Phosphor P 31,0	16 Schwefel S 32,1	17 Chlor Cl 35,5	
18 Argon A 39,9	19 Kalium K 39,1	20 Calcium Ca 40,1	21 Scandium Sc 45,1	22 Titan Ti 48,1	23 Vanadin V 51,0	24 Chrom Cr 52,0	25 Mangan Mn 54,9	26 Eisen Fe 55,8 27 Kobalt Co 59,0 28 Nickel Ni 58,7
	29 Kupfer Cu 63,6	30 Zink Zn 65,4	31 Gallium Ga 69,7	32 Germanium Ge 72,6	33 Arsen As 75,0	34 Selen Se 79,2	35 Brom Br 79,9	
36 Krypton Kr 82,9	37 Rubidium Rb 85,5	38 Strontium Sr 87,6	39 Yttrium Y 89,0	40 Zirkon Zr 91,2	41 Niob Nb 93,5	42 Molybdän Mo 96,0	43 —	44 Ruthenium Ru 101,7 45 Rhodium Rh 102,9 46 Palladium Pd 106,7
	47 Silber Ag 107,9	48 Cadmium Cd 112,4	49 Indium In 114,8	50 Zinn Sn 118,7	51 Antimon Sb 121,8	52 Tellur Te 127,5	53 Jod J 126,9	
54 Xenon X 130,2	55 Caesium Cs 132,8	56 Barium Ba 137,4	57 Lanthan La 138,9	58 Cer Ce 140,2	59 Praseodym Pr 140,9	60 Neodym Nd 144,3	61 —	62 Samarium Sm 150,4
				63 Europium Eu 152,0	64 Gadolinium Gd 157,3	65 Terbium Tb 159,2		66 Dysprosium Dy 162,5
				67 Holmium Ho 163,5	68 Erbium Er 167,7	69 Thulium Tm 169,4	70 Ytterbium Yb 173,5	71 Cassiopeium Cp 175,0
				72 Hafnium Hf 178,6	73 Tantal Ta 181,5	74 Wolfram W 184,0	75 —	76 Osmium Os 190,9 77 Iridium Ir 193,1 78 Platin Pt 195,2
	79 Gold Au 197,2	80 Quecksilber Hg 200,6	81 Thallium Tl 204,4	82 Blei Pb 207,2	83 Wismut Bi 209,0	84 Polonium Po 210,0	85 —	
86 Niton Nt 222,0	87 —	88 Radium Ra 226,0	89 Actinium Ac?	90 Thor Th 232,1	91 Protactinium Pa?	92 Uran U 238,2		

Das periodische oder natürliche System der Elemente.

des chemischen Zeichens und des Atomgewichts, in senkrechten und wagerechten Reihen angeordnet sind, derart, daß das Atomgewicht zunimmt, wenn man in den wagerechten Reihen, mit der obersten beginnend, von links nach rechts geht. Es zeigt sich dann, daß sich in den 9 senkrechten Reihen Grundstoffe mit verwandten Eigenschaften zusammenfinden, welche sozusagen chemische Familien bilden. Unsere Tabelle stammt allerdings aus späterer Zeit und weicht durch größere Anzahl der Grundstoffe und in Einzelheiten der Anordnung von den älteren Zusammenstellungen ab. Bei jedem Grundstoff ist noch eine Zahl hinzugefügt, die einfach seine Nummer in der Reihenfolge nach steigendem Atomgewicht angibt; so hat Wasserstoff die „Ordnungszahl" 1, Helium 2 usw. bis zum Uran, dessen Atom das schwerste aller bekannten Grundstoffatome ist, und das die Ordnungszahl 92 hat. Innerhalb jeder der senkrechten Reihen zerfallen die Stoffe in zwei natürliche Untergruppen, und diese Zweiteilung ist in der Tabelle dadurch angedeutet, daß das Atomzeichen mehr nach rechts oder links verschoben ist.

Man sieht indessen, daß die Regelmäßigkeit im System nicht ganz einfacher Art ist. Zunächst wird man an einigen Stellen finden, daß das Atomgewicht eines Grundstoffes größer ist als das des folgenden (z. B. Argon—Kalium, Tellur—Jod). Eine solche Platzvertauschung ist absolut erforderlich, wenn man daran festhalten will, daß Grundstoffe, welche in dieselbe chemische Familie gehören, auch in derselben senkrechten Reihe stehen sollen. Eine weitere Unregelmäßigkeit liegt in dem Auftreten der mit VIII. bezeichneten senkrechten Reihe. Während wir bei den ersten zwanzig Stoffen im System immer fanden, daß zwei aufeinanderfolgende Grundstoffe verschiedene Eigenschaften besaßen und zu klar getrennten chemischen Familien gehörten, stieß man in der sog. Eisengruppe (Fe, Co, Ni) auf den Fall, daß aufeinanderfolgende Grundstoffe sich in vieler Beziehung gerade sehr ähnlich waren (z. B. bezüglich der magnetischen Eigenschaften). Eine solche „Triade" von Grundstoffen treffen wir jedoch im System noch zweimal an, und von einer eigentlichen Unregelmäßigkeit kann hier daher kaum die Rede sein. Geradezu als einen Schönheitsfehler im System müssen wir dagegen das bezeichnen, was uns in der Gruppe der sog. seltenen Erden entgegentritt. Hier folgen nach dem Lanthan 13 Grundstoffe aufeinander, deren Eigenschaften in solchem Grade übereinstimmen, daß es sogar große Schwierigkeiten gemacht hat, sie aus den Gemischen, die sie in den natürlichen Mineralien bilden, einzeln herauszuarbeiten. Sie sind in der Tabelle eingerahmt.

Daß an einzelnen Stellen ein Grundstoff im System zu fehlen scheint (was in der Tabelle durch einen Strich angedeutet ist), ist dagegen in keiner Weise eine Unregelmäßigkeit. In dem System, wie es MENDELEJEFF seinerzeit aufstellte, waren noch viel mehr solcher „offenen Plätze"; und MENDELEJEFF konnte gerade mit Hilfe seines Systems die Eigenschaften solcher fehlenden Grundstoffe so ziemlich voraussagen. Als Beispiel kann die Entdeckung eines zwischen Gallium und Arsen stehenden Grundstoffes angeführt werden, welcher später Germanium genannt wurde und genau die vorausgesagten Eigenschaften besaß; diese Entdeckung war einer der größten Triumphe der Theorie. Überhaupt haben alle seit MENDELEJEFF entdeckten Grundstoffe ihren Platz im natürlichen System gefunden. Dieses kann unter anderem auch von den sog. inaktiven (d. h. chemisch unwirksamen) Gasen Helium, Neon, Argon, Krypton. Xenon und Niton behauptet werden, welche die Eigenschaft haben, keine chemischen Verbindungen bilden zu können. Ihre Wertigkeit ist daher sozusagen Null, und in der Tabelle haben sie in der mit Null bezeichneten senkrechten Reihe ganz links untergebracht werden können.

Sollte also später jemand das Rätsel des periodischen Systems lösen wollen, so mußte man von ihm verlangen, daß er nicht bloß die Gesetzmäßigkeiten erklären könne, sondern auch eine Reihe scheinbarer Ungesetzmäßigkeiten, welche den Eindruck von ganz willkürlichen, individuellen Eigenschaften bestimmter Grundstoffe oder Gruppen machten. Es waren offenbar einige harte Prüfsteine für eine zukünftige Theorie des Atombaues, welche die Chemiker hier schon im voraus bereitgelegt hatten.

Physikalische Molekulartheorien.

Von dem chemischen Verhalten der Stoffe kehren wir jetzt zu ihrem physikalischen, oder richtiger ihrem sonstigen physikalischen Verhalten zurück; denn die Chemie ist in einem gewissen Sinne nur ein einzelnes, wenn auch sehr vielseitiges und umfassendes Gebiet der Physik.

Falls die Stoffe wirklich aus selbständig existierenden Teilchen — den Atomen und Molekülen — aufgebaut sind, so muß deren Zusammenspiel nicht nur für die chemischen Prozesse, sondern für die gesamten Eigenschaften der Stoffe maßgebend sein. Da die meisten dieser Eigenschaften sich gänzlich ändern, wenn die Moleküle verändert werden, oder mit anderen Worten Moleküleigenschaften sind, so konnte man erwarten, in vielen Fällen das Verhalten zu erklären, wenn man mit den Molekülen als kleinsten Einheiten rechnete. Es war weiterhin natürlich, daß man zunächst eine Molekulartheorie für die Gase aufzustellen suchte, da deren physikalische Eigenschaften viel einfacher und übereinstimmender waren als die der festen Stoffe und der Flüssigkeiten. Diese Einfachheit war schon an sich aus der Molekulartheorie leicht verständlich. Wenn eine Flüssigkeit durch Verdampfung in den Gaszustand überging, dehnte sich dieselbe Stoffmenge auf einen mehrere hundertmal größeren Raum aus; waren die Moleküle in den Flüssigkeiten direkt zusammengepackt, so mußten sie dagegen in dem Gase verhältnismäßig große Zwischenräume bekommen und sich in diesen frei und ohne merkliche gegenseitige Einwirkung bewegen können; nur wenn zwei von ihnen „zusammenstießen“, d. h. einander sehr nahe kämen, würden zwischen ihnen Kräfte auftreten, die sie daran hindern würden, ineinander einzudringen; da man weiterhin annehmen mußte, daß die einzelnen Moleküle bei einem derartigen Zusammenstoß sich nicht bleibend veränderten, so mußten sie sich dabei etwa wie elastische Kugeln verhalten.

Aus Betrachtungen dieser Art wurde die „kinetische Theorie“ (Bewegungstheorie) der Gase entwickelt. Diese nimmt an, daß eine Gasmasse aus einer ungeheuer großen Zahl außerordentlich kleiner Moleküle besteht, die mit großer Geschwindigkeit geradlinig einherfliegen, bis sie auf ein anderes Molekül oder auf die Wände des einschließenden Gefäßes stoßen, worauf sie dann in einer anderen Richtung fortfliegen, bis ein neuer Zusammenstoß erfolgt. Der Druck des Gases auf die Gefäßwände kommt zustande als Gesamtwirkung der ungeheuren Anzahl von Stößen, die jeder kleine Teil der Wand selbst in ganz kurzer Zeit empfängt. Die Größe des Druckes mußte von der Zahl der Moleküle, ihrer Masse (Gewicht) und ihrer Geschwindigkeit abhängen. Die letztere würde freilich selbst für ein bestimmtes Gas, dessen Moleküle alle gleich

sind, für die einzelnen Moleküle verschieden sein, aber man konnte
bei einer bestimmten Temperatur mit einem bestimmten Durchschnittswert der Molekelgeschwindigkeit rechnen. Erhöhung der
Temperatur würde ein Wachsen dieser Durchschnittsgeschwindigkeit bedeuten, und wenn der Rauminhalt des Gases unverändert
gelassen würde, so würde dann der Druck des Gases auf die Wände
größer werden; hielt man dagegen die Temperatur und damit die
Durchschnittsgeschwindigkeit unverändert, während man den
Rauminhalt des Gases auf die Hälfte verminderte, so würden nunmehr doppelt soviel Moleküle in jedem Kubikzentimeter vorhanden
sein; ein Quadratzentimeter der Wand würde daher doppelt soviel
Stöße in der Sekunde empfangen, d. h. der Druck verdoppelt werden. Das wohlbekannte Gesetz (Boyles Gesetz), daß der Druck
einer Gasmasse bei einer bestimmten Temperatur seinem Volumen
umgekehrt proportional ist, ging so aus der Molekulartheorie ganz
unmittelbar hervor.

Die Molekulartheorie warf gleichzeitig auch neues Licht auf
den Zusammenhang zwischen Wärme und mechanischer Arbeit
und damit auf das Gesetz von der Erhaltung der Energie,
welches in der Mitte des vorigen Jahrhunderts von den Deutschen
ROBERT MAYER und HELMHOLTZ, dem Engländer JOULE und dem
Dänen COLDING allmählich klargelegt wurde, und welches wir hier
kurz berühren müssen, da ein Verständnis des Begriffes Energie
für das Folgende notwendig ist.

Um einen Stein oder ein anderes Gewicht von z. B. 5 kg 10 m in
die Höhe zu heben, ist eine Arbeit von 5 mal 10 = 50 Kilogramm-
meter (kgm) erforderlich; aber der Stein hat jetzt die Fähigkeit
erhalten, eine ebenso große Arbeit auszuführen, wenn er die 10 m
wieder herunterfällt. Man kann sagen, daß der Stein dank seiner
größeren Höhe über der Erde, die ihn anzieht, eine „Arbeits-
fähigkeit" oder „Energie" im Betrage von 50 kgm bekommen hat
— „Energie der Lage", „Anziehungsenergie", „potentielle Energie" (d. h. Möglichkeitsenergie). Wenn man den Stein solcherart
fallen läßt, daß er — z. B. durch Zug an einer Schnur über eine
Rolle — ein anderes Gewicht hebt, so wird die Energie der Lage,
welche der fallende Stein verliert, auf das neu gehobene Gewicht
übergehen; wenn Schnur und Rolle keinen Reibungswiderstand
böten, so könnte der Stein bei seinem Falle genau 5 kg um 10 m
oder 10 kg um 5 m heben usw., so daß die ganzen 50 kgm nach dem

Fall in dem anderen Gewicht darinsteckten. Wenn man den Stein, statt ihn eine Schnur ziehen zu lassen, frei fallen oder ohne merkliche Reibung eine schiefe Ebene herablaufen läßt, so wird seine Geschwindigkeit während des Falles wachsen, und in dem Maße, wie der Stein Energie der Lage verliert, wird er mehr und mehr von einer anderen Energieform erhalten, nämlich von „Bewegungsenergie", „kinetischer Energie". Ein bewegter Körper kann nämlich, wenn er seine Bewegung verliert, Arbeit leisten, z. B. eine Feder spannen oder einen anderen Körper in Bewegung setzen. Denken wir uns, daß der Stein an eine Schnur gebunden ist und an dieser im luftleeren Raume, wo die Bewegung keinen Widerstand findet, wie ein Pendel hin und her schwingt, so wird er abwechselnd sinken und wieder zur selben Höhe emporsteigen; während des Falles wird Energie der Lage in Bewegungsenergie verwandelt, während des Steigens geschieht das Umgekehrte; und es findet dabei keinerlei Energieverlust statt, sondern nur ein Wechsel zwischen zwei Energieformen.

Falls dagegen die Bewegung eines Körpers Reibungswiderstand findet oder sein freier Fall durch eine Unterlage aufgehalten wird, so könnte es scheinen, als ob nunmehr Energie verlorenginge; in Wirklichkeit tritt aber doch etwas an ihre Stelle. Es ist wohlbekannt, daß sowohl bei Reibung wie bei Stoß sich Wärme entwickelt. Ferner weiß man, daß Wärme Arbeit leisten kann, z. B. in einer Dampfmaschine. Sorgfältige Untersuchungen haben gezeigt, daß eine bestimmte Menge mechanischer Arbeit eine bestimmte Menge Wärme erzeugt; eine Arbeit von 427 kgm erzeugt so, wenn sie zur Wärmeentwicklung verbraucht wird, stets 1 Kilogrammcalorie (kgcal), d. h. so viel Wärme, wie zur Erwärmung von 1 kg Wasser um 1° nötig ist. Und umgekehrt, wenn Wärme Arbeit erzeugt, so verschwindet jedesmal 1 kgcal, wenn 427 kgm entstehen. Die Wärme ist m. a. W. selbst eine Form von Energie, und z. B. die Wärmeentwicklung bei Reibung oder Stoß ist lediglich die Umwandlung einer Energieform in die andere.

Mit Hilfe der Molekulartheorie ist es dagegen möglich, auch solche Umwandlung von mechanischer Arbeit in Wärmeenergie rein mechanisch aufzufassen. Wir wollen annehmen, daß ein fallender Körper auf einen Stempel trifft, der einen mit Luft gefüllten, unten geschlossenen Zylinder abschließt. Während hierdurch der Stempel niedergetrieben wird und die Luft zusammendrückt, wird sich letztere erwärmen. Dies erklärt sich nun leicht dadurch, daß der Stempel bei seiner Abwärtsbewegung die Geschwindigkeit der Luftmoleküle, die auf ihn stoßen, vergrößert, was zur Folge hat, daß die Durchschnittsgeschwindigkeit der Moleküle, d. h. die Temperatur, steigt. Was bei der Wärmeentwicklung vor sich geht, ist also, daß die Bewegungsenergie des fallenden Körpers dazu benutzt wird, den Luftmolekülen vergrößerte Bewegungsenergie zu erteilen. Falls die Moleküle aus 2 oder mehr Atomen bestehen, muß man auch damit rechnen, daß sie nicht bloß untereinander herumfliegen, sondern sich auch um sich selbst drehen. Ein Teil der Energie wird dann dazu verbraucht, die Energie dieser Rotation zu vergrößern.

Es lag nahe, anzunehmen, daß auch in festen Körpern und Flüssigkeiten Wärme bloß eine Molekülbewegung ist; auch hier mußte dann die Wärmeentwicklung durch Stoß von seiten eines bewegten Körpers nichts anderes bedeuten als die Umsetzung der Bewegungsenergie eines ganzen, sichtbaren Körpers in innere, auf zahllose unsichtbare Moleküle verteilte Bewegungsenergie. Während man aber bei Gasen zur Veranschaulichung ihres inneren Verhaltens, wenigstens in großen Zügen, keine anderen inneren Kräfte als die Abstoßung bei den „elastischen“ Molekülzusammenstößen in Betracht zu ziehen brauchte, mußte man bei festen Stoffen und Flüssigkeiten auch mit den Anziehungen zwischen den dichter zusammengepackten Molekülen rechnen. In Wirklichkeit sind die Verhältnisse noch verwickelter, so daß eine einfache Molekulartheorie nicht von ihnen Rechenschaft geben kann.

Im ganzen genommen läßt es sich nicht durchführen, alle Energieumsetzungen rein mechanisch aufzufassen. Wärme kann ja in einem Körper auch dadurch entstehen, daß dieser den Strahlen der Sonne oder eines warmen Kachelofens usw. ausgesetzt wird, und umgekehrt kann ein warmer Körper seine Wärme durch Ausstrahlung verlieren. Auch hierbei haben wir es mit Energieumwandlungen zu tun, und auch hier gilt das Gesetz der Erhaltung der Energie, d. h. das Gesetz, daß die gesamte Energiemenge bei den Umsetzungen sich nicht vermehrt oder vermindert. Zur Erzeugung der Wärmemenge von 1 kgcal wird eine bestimmte Menge „Strahlungsenergie“ verbraucht, und genau ebensoviel Strahlungsenergie entsteht umgekehrt, wenn die Wärmemenge von 1 kgcal sich in Strahlung umwandelt; aber diese Umwandlungen kann man sich nicht als ein Ergebnis mechanischer Wechselwirkungen (Anziehungen oder Abstoßungen) zwischen bewegten Körpern erklären.

Die „mechanische Wärmetheorie" kann uns dagegen weit vorwärtsbringen, wenn wir uns beschränken auf die Wärmeabgabe von einem Körper auf einen anderen, der mit ihm in Berührung ist. Auf die Gase angewendet, führt sie dann unter anderem direkt zu dem Avogadroschen Gesetz. Wenn wir sagen, zwei Gasmassen haben gleiche Temperatur, so heißt das, daß weder durch eine Trennungswand noch bei direkter Berührung die eine an die andere Wärme abgibt; man kann aber zeigen, daß dies nur möglich ist, wenn der Durchschnittswert der Bewegungsenergie der Moleküle in beiden Gasmassen gleich ist. Ist die eine Gasmasse Wasserstoff, die andere Sauerstoff, so müssen dann die leichten Wasserstoffmoleküle größere Geschwindigkeit haben als die schweveren Sauerstoffmoleküle, denn anderenfalls könnten beide nicht die gleiche Bewegungsenergie besitzen. Da nun der Druck einer Gasmasse von der Bewegungsenergie der einzelnen Moleküle und ihrer Anzahl im Kubikzentimeter abhängt, so muß bei gleichem Druck und gleicher Temperatur die gleiche Anzahl von Wasserstoff- und Sauerstoffmolekülen in der gleichen Raummenge vorhanden sein. — Übrigens kann man, wie JOULE schon 1851 zeigte, lediglich aus dem Gewicht eines Gases pro Kubikzentimeter und seinem Druck pro Quadratzentimeter die Geschwindigkeit der Moleküle (d. h. ihre Durchschnittsgeschwindigkeit) berechnen. Für Wasserstoff bei 0° und Atmosphärendruck findet man, daß diese Geschwindigkeit ca. 1700 m in 1 Sek., für Sauerstoff unter den gleichen Bedingungen etwas über 400 m in 1 Sek. beträgt.

Durch alle die bisher genannten Ergebnisse der Atom- und Molekulartheorie hatte man indessen keinerlei Aufschluß erhalten über das absolute Gewicht (Gewicht in Gramm) der einzelnen Atome und Molekeln, über ihre Größe oder ihre Menge in 1 ccm bei einer bestimmten Temperatur und einem bestimmten Druck. Solange aber diese Fragen offen blieben, hatte man bei der ganzen Theorie noch ein Gefühl von Unwirklichkeit. Man wurde den Verdacht nicht los, daß sie nur ein bequemes Mittel sei, eine Reihe beobachteter Tatsachen in einem anschaulichen Bilde zu vereinigen, daß aber die Atome und Moleküle doch eigentlich nur „Phantasiewesen" seien. Sie würden in ganz anderem Grade wesenhaft und greifbar erscheinen, wenn man sagen könnte, wie groß und wie schwer sie sind. Die Molekulartheorie der Gase zeigte indessen auch Wege, auf denen man diesen Fragen, denen die Chemie machtlos gegenübergestanden hatte, zu Leibe gehen konnte.

Wir wollen annehmen, die Temperatur einer Luftmasse sei in einer gewissen Höhe 100°, 1 m tiefer 0°, d. h. die Luftmoleküle hätten an den beiden Stellen verschiedene Durchschnittsgeschwindigkeit. Dieser Unterschied wird sich nach und nach durch die Molekelstöße ausgleichen, und man könnte vielleicht erwarten, daß dieser Ausgleich wegen der oben erwähnten großen Geschwindigkeit der Moleküle sehr schnell geschehen würde. Man muß aber bedenken, daß Moleküle von der einen Stelle nicht ungehindert nach der anderen fliegen können (was dann allerdings nur einen verschwindenden Bruchteil einer Sekunde dauern würde); in Wirklichkeit werden die Moleküle nur ein ganz kurzes Stück fliegen können, bis sie auf andere Moleküle treffen, worauf sie in einer anderen Richtung fortfliegen, und es ist leicht zu verstehen, daß der Ausgleich viel langsamer wird, wenn die Moleküle sich derart in Zickzacklinien mit nur ganz kurzen geradlinigen Stücken bewegen; die größere Geschwindigkeit in einer Gegend der Luftmasse wird dann nur durch viele Zwischenstufen die Geschwindigkeit in einer anderen Gegend beeinflussen. Hieraus erklärt sich, daß Luft ein sehr schlechter Wärmeleiter ist. Wenn man nun die Wärmeleitfähigkeit eines Gases kennt sowie auch seine Molekelgeschwindigkeit, so kann man die durchschnittliche Länge der kleinen geradlinigen Stücke in den Zickzacklinien oder m. a. W. die „mittlere freie Weglänge" der Moleküle zwischen zwei Zusammenstößen berechnen. Sie ergibt sich als sehr klein: z. B. für Sauerstoff bei gewöhnlichem Druck und Temperatur zu etwa $1/_{10\,000}$ mm oder 0,1 μ, wo μ die Länge von 0,001 mm, auch ein Mikron genannt, bedeutet.

Wie lang die mittlere freie Weglänge wird, hängt offenbar, außer von der Molekelgeschwindigkeit, einerseits von dem durchschnittlichen Abstande zwischen den Mittelpunkten zweier benachbarten Moleküle, m. a. W. von der Molekülzahl im Kubikzentimeter (cm³), andererseits von der Größe der Moleküle ab. Was man unter letzterer zu verstehen hat, ist nun allerdings sehr unbestimmt, unter anderem weil ein Molekül in der Regel aus mindestens zwei Atomen besteht; aber man kann sich vorläufig helfen, wenn man sich die Moleküle als elastische Kugeln denkt. Doch selbst unter dieser groben Voraussetzung können wir nicht aus der mittleren freien Weglänge allein die Größe der Moleküle finden, denn wir hatten ja 2 Unbekannte, nämlich die Molekelgröße und die Molekelanzahl pro Kubikzentimeter. Von diesen beiden Größen aber hängt nun offenbar auch das Volumen ab, welches die Moleküle eines Kubikzentimeters einnehmen, wenn sie möglichst dicht zusammengepackt werden. Nimmt man nun an, daß letzteres der Fall ist, wenn der Stoff als Flüssigkeit vorliegt, so braucht man bloß das Verhältnis zwischen dem Volumen derselben Stoffmenge im Gaszustande (bei $0°$ und Atmosphärendruck) und in flüssiger Form zu kennen, um noch eine weitere Angabe zu erhalten, welche zusammen mit der mittleren Weglänge zur Bestimmung der beiden Unbekannten dienen kann. Obschon diese Annahmen unvollkommen sind, können sie doch von den in Frage stehenden Größen einen Begriff geben, und die Zahlen, die man auf den angedeuteten Wegen fand, waren jedenfalls ziemlich von derselben „Größenordnung" wie die, welche später durch vollkommenere Methoden, unter anderem elektrischer Art, gefunden wurden.

Über die Radien der Moleküle, wenn man letztere als Kugeln betrachtet, soll hier nur gesagt werden, daß sie von der Größenordnung 0,1 $\mu\mu$ sind, wo $\mu\mu$ 1 Millionstel mm oder 1 Tausendstel Mikron bedeutet. Wenn auch der Molekelradius nur eine Rechnungsgröße ist, so zeigt der für ihn angegebene Wert doch, daß das Molekül außerordentlich klein ist, d. h. daß es merkliche Abstoßungen und Anziehungen nur innerhalb eines ungeheuer kleinen Raumes ausüben kann.

Die Anzahl von Molekülen in 1 cm³ eines Gases bei $0°$ und Atmosphärendruck ist dagegen etwas ganz Bestimmtes. Sie beträgt angenähert 27 Trillionen oder $27 \cdot 10^{18}$. Aus dieser Zahl und dem Gewicht eines Kubikzentimeters eines solchen Gases kann man das Gewicht seines Moleküls in Gramm finden, und wenn die Anzahl der Atome in dem Molekül bekannt ist, auch das Atomgewicht in Gramm. Für Wasserstoff findet man 1,65 dividiert durch eine Quadrillion, oder $1,65 : 10^{24}$ oder, wie man gewöhnlich schreibt, $1,65 \cdot 10^{-24}$. 1 g Wasserstoff enthält also ca. 600 000 Trillionen Atome oder 300 000 Trillionen Moleküle. Aus dem Gewicht des Wasserstoffatoms kann man dann ja das Gewicht von dem der anderen Grundstoffe durch Multiplikationen mit dem relativen Atomgewicht der Chemiker finden — 16 für Sauerstoff, 14 für

Stickstoff usw. Wenn man ein Gas so stark verdünnt, wie es mit den vollkommensten Mitteln der Gegenwart überhaupt möglich ist, d. h. auf etwa den 10 millionsten Teil des Atmosphärendruckes, so sind immer noch gegen 3 Billionen Moleküle in 1 cm³ vorhanden, und der mittlere Abstand zwischen zwei Nachbarmolekülen ist dann etwa 1 Mikron. Die mittlere Weglänge zwischen zwei Zusammenstößen wird dagegen unter diesen Umständen sehr erheblich; für Wasserstoff ca. 2 m.

Die gefundenen Zahlen für die Anzahl, das Gewicht und die Größe der Moleküle sind in ihrer Größe oder Kleinheit so überwältigend, daß sie vielleicht bei vielen, anstatt das Vertrauen zur Atom- und Molekulartheorie zu heben, im Gegenteil gerade den Verdacht bestärken werden, daß die Atome und Moleküle nur Hirngespinste sind. Wirklich gab es noch vor zwei bis drei Jahrzehnten Physiker und Chemiker, welche — namentlich unter Führung des angesehenen deutschen Forschers WILHELM OSTWALD — die Existenz der Atome und Moleküle leugneten, ja geradezu versuchten, die wissenschaftliche Darstellung der Naturlehre von atomistischen Vorstellungen zu befreien. Wenn diese Zweifler zur Verteidigung ihres Standpunktes hervorhoben, daß die angenommenen Atome und Moleküle jeder Wahrnehmung vollständig unzugänglich seien und bleiben würden, so sollte man glauben, daß sie wenigstens in diesem Punkte ihrer Sache sicher sein konnten.

Indessen hat eine Reihe von großen und bemerkenswerten Entdeckungen in den Jahren um die Jahrhundertwende unsere Kenntnis von den Atomen und unsere Fähigkeit zur Untersuchung ihres Verhaltens so gewaltig erweitert, daß jeder Zweifel an der Realität der Atome verstummen mußte. So unglaublich es klingen mag, so ist man doch jetzt auf verschiedenste Weise imstande, die Wirkung eines einzelnen Atoms zu beobachten und dadurch die Atome einzeln zu zählen; ja man hat sogar die Bahnen einzelner Atome photographieren können. Es handelt sich hierbei um Atome, die elektrisch geladen sind und sich unter der Einwirkung elektrischer Kräfte bewegen. Wir werden hierauf in einem der folgenden Abschnitte näher eingehen, nachdem wir zuvor auf einige Erscheinungen beim Lichte eingegangen sind, deren Klarlegung zum Verständnis der von NIELS BOHR aufgestellten Theorie des Atombaues nötig ist.

Hier wollen wir bloß noch erwähnen, daß auch bei der Molekulartheorie der Gase, wo wir es mit neutralen (unelektrischen) Molekülen zu tun haben, im neuen Jahrhundert große Fortschritte gemacht worden sind, besonders durch die Untersuchungen des Dänen Martin Knudsen über die Verhältnisse bei sehr starker Luftverdünnung, wo die Moleküle lange Strecken ohne Zusammenstoß mit anderen Molekülen zurücklegen können. Abgesehen davon, daß seine Versuche und Ergebnisse über viele sehr interessante und wichtige Einzelheiten Aufschluß geben, kann man sagen, daß sie von der realen Existenz der Moleküle und Atome in sehr direkter Weise Zeugnis ablegen.

Zweites Kapitel.

Die Lichtwellen und das Spektrum.

Die Wellentheorie des Lichtes.

Über die Natur des Lichtes hat es verschiedene Meinungen gegeben. Der große englische Physiker Isaak Newton (1648—1728), dessen Wirken auf dem Gebiete der Lichtlehre wie auf dem der Mechanik bahnbrechend war, neigte am meisten zu einer atomistischen Auffassung des Lichtes, d. h. er dachte sich, daß es aus kleinen Teilchen bestehe, „Lichtatomen", welche von den leuchtenden Körpern wie Geschosse aus einer Kanone ausgeschleudert würden. Dieser „Emissionstheorie" (Aussendungstheorie) stellte Newtons Zeitgenosse, der Holländer Huygens, seine Wellentheorie gegenüber; nach dieser ist das Licht eine von den leuchtenden Körpern ausgehende Wellenbewegung in einem Stoff, dem Äther, der den sonst leeren Weltraum ausfüllt und alle Körper, jedenfalls alle durchsichtigen, durchdringt. Im 19. Jahrhundert errang die Wellentheorie — besonders durch den Engländer Young und den Franzosen Fresnel — den endgültigen Sieg über die Emissionstheorie; und da die Auffassung, daß das Licht eine Wellenbewegung ist, im folgenden eine große Rolle spielt, so wollen wir hier ein wenig bei den für alle Wellenbewegungen gemeinsam gültigen Gesichtspunkten verweilen, indem wir uns anschauliche Beispiele aus der Ausbreitung von Wasserwellen auf einer Wasserfläche oder von Schallwellen in der Luft holen.

Denken wir uns, wir stehen in einem Boot, welches draußen auf dem Wasser vor Anker liegt, und wir betrachten die regelmäßigen Wellen, die an dem Boot vorbeistreichen. Falls kein Wind und keine Strömung herrscht, so wird ein Kork oder ein anderer leichter Gegenstand, der auf dem Wasser schwimmt, von den Wellenbergen emporgehoben werden, in die Wellentäler sinken und gleichzeitig auf dem Wellenberge ein wenig nach vorwärts und in dem Wellental ein wenig nach rückwärts gehen, im übrigen

aber auf derselben Stelle verbleiben. Da der Kork den umliegen-
den Wasserteilchen folgt, so zeigt er deren Bewegung an, und man
sieht so, daß das einzelne Wasserteilchen eine Schwingung oder,
genauer gesagt, einen Kreislauf ausführt, und daß es mit diesem
fertig wird innerhalb der Zeit, während der die Wellenbewegung
um eine „Wellenbreite“ oder, wie wir lieber sagen wollen, um
eine „Wellenlänge“ vorschreitet, d. h. um die Entfernung von
einem Wellenberg bis zu dem nächsten. Diese Zeit können wir die
Schwingungszeit oder Periode nennen. Zählen wir ab, wie
viele Wellenberge innerhalb einer bestimmten Zeit vorbeistreichen,
so haben wir damit auch die Schwingungen des einzelnen Wasser-

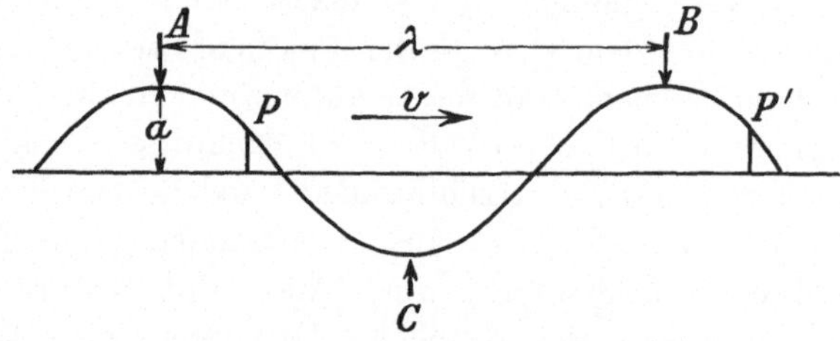

Abb. 4. A und B bezeichnen Wellenberge, C ein Wellental. λ Wellenlänge. a Amplitude.
Wenn T die Zeit bezeichnet, welche die Welle braucht, um von A bis B fortzuschreiten,
und $\nu = \dfrac{1}{T}$ die Frequenz ist, so ist die Wellengeschwindigkeit $c = \dfrac{\lambda}{T} = \lambda \cdot \nu$. Die Punkte
P und P' sind Punkte in gleicher Phase.

teilchens innerhalb derselben Zeit gezählt. Die Anzahl der Schwingungen in der Zeiteinheit (als solche wählen wir hier passend 1 Min.)
nennen wir die Schwingungszahl oder Frequenz. Ist die
Schwingungszahl z. B. 40, und beträgt die Wellenlänge 3 m, so wird
die Wellenbewegung 3 mal 40 = 120 m in einer Minute voran-
schreiten; die Geschwindigkeit, mit der die Wellenbewegung voran-
schreitet, oder m. a. W. die Fortpflanzungsgeschwindigkeit
der Wellen, ist dann 120 m in 1 Min. Wir haben also die Regel:
Fortpflanzungsgeschwindigkeit = Schwingungszahl
mal Wellenlänge.

Auf einer Wasserfläche können gleichzeitig mehrere Wellen-
systeme auftreten, große Wellen von einem inzwischen vielleicht
abgeflauten Sturm, kleine Kräuselwellen, die von einer leichten
Brise erzeugt werden und über die großen Wellen dahinlaufen,
Kielwasserwellen von einem oder mehreren Schiffen usw. Die
Form und der Formenwechsel der Wasseroberfläche kann dadurch

außerordentlich verwickelt werden; aber man kann sie sich klarmachen, wenn man an jeder Stelle sozusagen die Wirkungen zusammenfügt, welche die einzelnen Wellenbewegungen für sich allein hervorrufen würden. Falls ein Wellensystem zu einem gewissen Zeitpunkt einen Berg ergeben würde und ein anderes gleichzeitig ebenfalls einen Berg, so bekäme man einen höheren Berg; ebenso würden Täler von zwei Systemen ein tieferes Tal ergeben. Dagegen würden Täler von dem einen System und Berge von dem anderen sich teilweise gegenseitig aufheben. Ein besonders schönes und ein-

Abb. 5. Photographie der Interferenz zwischen zwei gleichen Wellensystemen.

Abb. 6. Ein Stück des gleichen Bildes vergrößert. Nach GRIMSEHL: Lehrbuch der Physik.

faches Ineinandergreifen („Interferenz") zweier Wellensysteme erhält man, wenn beide ganz gleich sind, also die gleiche Wellenlänge und gleich hohe Wellenberge besitzen. Eine solche Interferenz kann man z. B. erzeugen, indem man gleichzeitig zwei gleichartige Steine in einiger Entfernung voneinander ins Wasser wirft: indem dann die Wellenringe von beiden Seiten ineinandergreifen, entsteht ein Netzwerk von kleinen Erhöhungen und Vertiefungen. In Abb. 5 und 6 ist die Photographie einer solchen Interferenz wiedergegeben. Sie wurde dadurch erhalten, daß ein über einer Wasserfläche ausgespanntes Tau, an dem 2 Kugeln hingen, in senkrechte Schwingungen versetzt wurde.

In Abb. 7 haben wir eine schematische Darstellung einer Interferenz derselben Art, und wir wollen hier die Verhältnisse an

Punkten der unteren Grenzlinie der Abbildung betrachten. Im Punkte *0*, der von beiden Wellenzentren gleich weit entfernt ist, wird offenbar von beiden gleichzeitig ein Wellenberg ankommen und damit ein Berg von ungefähr doppelter Höhe entstehen; eine halbe Schwingungszeit später wird ein Wellental von beiden kommen und daher ein tiefes Tal entstehen; nach wiederum einer halben Schwingungszeit werden wieder zwei Berge zusammentreffen, und so werden hier hohe Berge und tiefe Täler abwechseln. Dasselbe wird in Punkt *2* geschehen, welcher eine ganze Wellenlänge mehr von dem linken als von dem rechten Wellenzentrum entfernt ist, und allgemein in den Punkten (*2, 2′, 4* und *4′*), wo der Entfernungsunterschied von den beiden Wellenzentren eine ganze Zahl von Wellenlängen beträgt. In Punkt *1* dagegen, wo der Entfernungsunterschied eine halbe Wellenlänge ist, wird immer ein Berg von dem einen Zentrum mit einem Tal von dem anderen zusammentreffen, und da das Tal ebenso tief ist wie der Berg hoch, so werden sie einander aufheben. Hier herrscht daher dauernd Ruhe, und ebenso geht es in den anderen Punkten (*1′, 3, 3′, 5* und *5′*), wo der Entfernungsunterschied eine ungerade Anzahl von halben Wellenlängen beträgt. Die resultierende Wellenbewegung bekommt so ein eigenartiges Aussehen mit Stellen, wo die Flüssigkeit auf und nieder geht, unterbrochen von Stellen, wo Ruhe herrscht. Eine Interferenz der gleichen Art kann man auch erhalten, wenn man einen einzelnen Stein in einiger Entfernung von einer geraden Wand in eine Wasserfläche wirft. An der Wand

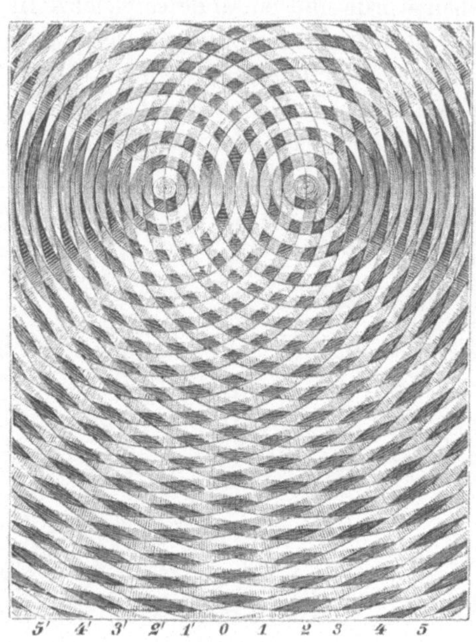

Abb. 7. Zeichnung der Interferenz.

findet nämlich Zurückwerfung der Wellen statt, die dann von
der Wand ebenso fortgehen, als ob sie von einem Punkte hinter
der Wand, gegenüber der Stelle, wo der Stein hineingefallen ist,
also gleichsam von dem
„Spiegelbild“ dieser Stelle
in der Wand, ausgingen.

Wenn ein Wellensystem auf eine Scheidewand mit einer ziemlich
kleinen Öffnung trifft, so
wirkt diese wie ein neues
Wellenzentrum, von dem
aus sich hinter der Wand

Abb. 8. Wellen, die von einem Brett zurückgeworfen
werden und durch ein Loch in ihm hindurchgehen.

Halbringe von Bergen und Tälern ausbreiten.

Wenn es sich aber um sehr kleine Wellen handelt und die Öffnung im Verhältnis zu deren Wellenlänge groß ist, so erhält man
eine erheblich andere Erscheinung. Man kann sich die Sache so
denken, daß von jedem Punkte der Öffnung Wellenringe ausgehen.
Eines der Ergebnisse aus dem Zusammenwirken dieser Wellensysteme wird dann das sein, daß Berge und Täler, wie vorher, in der
ursprünglichen Fortpflanzungsrichtung fortschreiten, d. h. in
geraden Linien. die von dem ursprünglichen Wellenzentrum durch
die Öffnung gehen, „Strahlrichtung“ können wir sie nennen. Nach
den mehr seitlichen Richtungen dagegen wird, wie sich zeigen
läßt, die Interferenz zwischen den Wellensystemen die resultierende
Wellenbewegung schwächen, mit zunehmender Abweichung von der
Strahlrichtung wird diese Schwächung, wenn die Wellen genügend
klein sind, abwechselnd zu- und abnehmen; aber wenn auch die
Wellenbewegung in solcher Weise mehrere Male etwas aufflackern
kann, wird sie doch im ganzen genommen mit zunehmender Abweichung von der Strahlrichtung abnehmen; je kleiner die Wellen
im Verhältnis zur Öffnung sind, desto ausgesprochener wird das
Abnehmen der Wellenbewegung seitlich von der Strahlrichtung
werden, m. a. W. desto mehr nähert sich die Wellenausbreitung
einer geradlinigen Strahlung. Daß das Licht sich geradlinig fortpflanzt, so daß undurchsichtige Gegentände scharfe Schatten
werfen, läßt sich daher mit der Wellentheorie gut vereinigen, sofern
die Lichtwellen außerordentlich klein sind; doch muß man erwarten, daß beim Durchgang des Lichtes durch enge Öffnungen eine

merkbare Abbeugung von der Strahlrichtung erfolgen kann. Gerade dieses stimmt aber auch mit der Erfahrung überein. Schon in der Mitte des 17. Jahrhunderts hat der Italiener GRIMALDI eine solche Abbeugung („Diffraktion") von Licht, das durch eine enge Öffnung in einen dunklen Raum eintritt, entdeckt.

Sowohl beim Licht wie beim Schall ist es eigentlich nur eine bildliche Ausdrucksweise, wenn wir von „Wellen" und „Wellenbewegungen" sprechen, denn die „Berge" und „Täler", an welche diese Namen eigentlich denken lassen, haben wir hier nicht. Aber diese bildliche Ausdrucksweise ist glücklich gewählt, weil man mit ihr das Wesentliche trifft, was sowohl Licht wie Schall mit den Wasserwellen gemeinsam haben. Wenn von einer Schallquelle, z. B. einer schwingenden Stimmgabel, sich „Schallwellen" in den umgebenden Raum ausbreiten, so bedeutet das, daß die Luftteilchen in der Fortpflanzungsrichtung des Schalles hin und her zu schwingen beginnen. Alle Luftteile haben dieselbe Schwingungszeit oder -periode wie die Enden der tönenden Stimmgabel, und die Anzahl von deren Schwingungen in der Sekunde bestimmt die Höhe des erhaltenen Tones; aber die Luftteile in verschiedenem Abstand von der Schallquelle sind nicht zur gleichen Zeit in gleichem Schwingungszustand oder „Phase". Wenn ein Luftteil in einem gewissen Abstande von der Schallquelle zu einem gegebenen Zeitpunkt seine größte Geschwindigkeit nach außen zu erreicht hat, so werden gleichzeitig Luftteile, die in der Fortpflanzungsrichtung weiter vorwärts liegen, gerade ihre größte Geschwindigkeit nach innen zu erreicht haben; noch ein Stück weiter vorwärts haben wieder die Luftteilchen zu diesem Zeitpunkt ihre größte Geschwindigkeit nach außen, wie die zuerst genannten usw. Zwischen Luftteilen, die gleichzeitig aufeinander zu schwingen, entsteht eine Luftverdichtung, und zwischen Luftteilen, die gleichzeitig voneinander fort schwingen, eine Luftverdünnung. Während die Luftteile an derselben Stelle vorwärts und rückwärts schwingen, wandern die Verdichtungen und Verdünnungen, ebenso wie die Wellenberge und -täler auf dem Wasser, voran, mit einer Geschwindigkeit, die man die Fortpflanzungsgeschwindigkeit des Schalles oder einfach die Schallgeschwindigkeit nennt. Wenn wir den Abstand zwischen zwei aufeinanderfolgenden Punkten stärkster Verdichtung (die zwei Wellenbergen entsprechen) oder überhaupt zwischen zwei aufeinanderfolgenden Punkten, wo die Luftteile im selben Schwingungszustand sind, eine Wellenlänge nennen und die Anzahl von Schwingungen oder Perioden in der Zeiteinheit als Schwingungszahl bezeichnen, so ergibt sich, wie bei den Wasserwellen, daß die Fortpflanzungsgeschwindigkeit gleich ist dem Produkt aus Schwingungszahl und Wellenlänge.

Vom Lichte können wir nun sagen, daß es, wie der Schall, aus periodischen Veränderungen des Zustandes in einzelnen Punkten des Raumes besteht, und daß diese Veränderungen, die sich von der Lichtquelle in den Raum fortpflanzen, im Laufe einer Periode um eine Wellenlänge fortschreiten, d. h. um den Abstand zwischen zwei in der Fortpflanzungsrichtung aufeinanderfolgenden Punkten, in welchen der Zustand zu einem bestimmten Zeitpunkt derselbe ist; und es ergibt sich, wie vorher, daß die Fortpflanzungsgeschwindigkeit (die Lichtgeschwindigkeit) gleich ist dem Produkt aus Schwingungszahl („Frequenz") und Wellenlänge. Man pflegt die Lichtgeschwindigkeit mit dem Buchstaben c, die Schwingungszahl mit dem griechischen Buchstaben ν und die Wellenlänge mit dem griechischen Buchstaben λ zu bezeichnen. Der genannte Zusammenhang kann dann durch folgende Formeln ausgedrückt werden:

$$c = \nu \cdot \lambda \quad \text{oder} \quad \nu = \frac{c}{\lambda} \quad \text{oder} \quad \lambda = \frac{c}{\nu}.$$

Die Lichtgeschwindigkeit im leeren Raum ist eine unveränderliche Größe und für alle Wellenlängen gleich. Sie wurde zuerst von dem Dänen OLE RÖMER (1676) durch Beobachtung der Jupitermonde bestimmt; nach heutigen Messungen ist sie sehr nahe gleich 300 000 km in 1 Sek., in Zentimetern also gleich 30 000 Millionen $= 3 \cdot 10^{10}$ cm in 1 Sek.

Es lag nahe, sich die Lichtwellen, ebenso wie die Schallwellen, als Schwingungen von kleinen Teilchen vorzustellen, hier aber nicht der Luft, sondern, wie vorher erklärt, eines besonderen, alles erfüllenden und durchdringenden Stoffes, des „Äthers". Aber alle Versuche, die man gemacht hat, sich bestimmte Vorstellungen über die stofflichen Eigenschaften des Äthers oder die Bewegungen der einzelnen Ätherteilchen zu verschaffen, sind gescheitert. Eine Erkenntnis ganz anderer Art über die Natur der Lichtwellen hat man dagegen durch die elektromagnetische Lichttheorie erhalten, die vor etwa einem halben Jahrhundert von dem Schotten MAXWELL aufgestellt wurde. Nach Maxwells Theorie war zu erwarten, daß, wenn Elektrizität in einem Leiter, z. B. zwischen zwei Metallkugeln, schnell hin und her schwingt, so daß die Kugeln abwechselnd positiv und negativ elektrisch werden, dann in dem umgebenden Raum sich eine Art von „elektromagnetischen Wellen“ mit einer Geschwindigkeit genau gleich der des Lichtes ausbreitet. Überall, wo diese Wellen hingelangten, mußten elektrische und magnetische Kräfte auftreten, die zueinander und zu der Fortpflanzungsrichtung der Wellen senkrecht stehen, und die im Takt mit der Elektrizitätsbewegung in dem aussendenden Leiter ihre Richtung ändern mußten. Was mit diesem Ausdruck gemeint ist, kann man dadurch veranschaulichen, daß man sich irgendwo in dem Raume einen ungeheuer kleinen und leichten Gegenstand angebracht denkt, der elektrische Ladung besitzt. Tritt nun an dieser Stelle eine elektromagnetische Wellenbewegung auf, so wird diese bewirken, daß das geladene Teilchen infolge der periodisch wechselnden elektrischen Kräfte in Schwingung kommt; das Teilchen spielt also hierbei dieselbe Rolle wie der Kork auf der Wasserfläche in dem oben erwähnten Versuche mit Wasserwellen (vgl. S. 29); es bewirkt eine Sichtbarmachung der elektrischen Schwingungen im Raume, wie der Kork die Schwingungen der Wasserteile sichtbar·machte. Neben den elektrischen Kräften finden sich, wie gesagt, auch magnetische Kräfte in einer elektromagnetischen Welle. Auch diese kann man sich sichtbar gemacht denken, wenn man an Stelle des elektrisch geladenen Teilchens einen ungemein kleinen Stahlmagneten benutzt: auch der Magnet muß nach Maxwells Theorie in schnelle schwingende Bewegungen kommen. MAXWELL kam zu der Schlußfolgerung, daß auch das Licht aus elektromagnetischen Wellen ganz gleicher Art besteht, die bloß ungemein viel feiner sind als alle, die man auf elektrischem Wege direkt herstellen oder nachweisen könnte.

In den 80er Jahren gelang es dem Deutschen HEINRICH HERTZ, elektromagnetische Wellen mit einer Schwingungszahl von 100 Millionen in der Sekunde zu erzeugen, was einer Wellenlänge von der Größenordnung einiger weniger Meter entspricht ($\lambda = \dfrac{c}{\nu}$ gleich $3 \cdot 10^{10} : 10^8 = 300$ cm), und er konnte die schwingenden elektrischen Kräfte direkt dadurch nachweisen, daß sie in Leiterkreisen, die in den Weg der Wellen gebracht wurden, elektrische Funken hervorbrachten. Er konnte weiterhin zeigen, daß diese groben elektromagnetischen Wellen nach denselben Gesetzen wie die Lichtwellen zurückgeworfen wurden und Interferenz zeigten. Hiernach konnte man kaum noch zweifeln, daß das Licht wirklich aus elektromagnetischen Wellen besteht, wenn auch die eigentlichen Lichtwellen so fein sind, daß es ganz unmöglich ist, seine Schwingungen direkt mit Hilfe von elektrischen Instrumenten wahrzunehmen.

Damit war aber die Frage nach der Natur des Äthers und der Vorgänge in diesem, welche der Lichtschwingung zugrunde lagen, keineswegs gelöst. Man hat sich indessen mehr und mehr damit zufrieden gegeben, die Lichtwellen elektromagnetisch beschreiben zu können, und hat es aufgegeben, über die Natur des Äthers nachzugrübeln. Ja, in den letzten Jahren wird oft behauptet — besonders im Hinblick auf Einsteins Relativitätstheorie —, daß der Äther überhaupt nicht existiert. Dieser Streit um die Existenz des Äthers dreht sich aber mehr um Worte als um Realitäten; wir können auch weiterhin ruhig vom Licht als von „Ätherwellen“ sprechen, wenn wir es bloß aufgeben, uns unter dem Äther etwas Körperliches mit bestimmten stofflichen Eigenschaften, wie Dichte, Härte, Elastizität usw., vorzustellen.

Die Auflösung des Lichtes in Farben.

Wir haben erwähnt, daß die eigentlichen Lichtwellen sehr viel feiner sind als die Hertzschen Wellen. Die Sache ist nun aber nicht so, daß alle Lichtwellen ein und dieselbe Wellenlänge und entsprechende Schwingungszahl besitzen. Das Licht, welches von der Sonne zu uns kommt, ist zusammengesetzt aus Lichtwellen von einer Fülle verschiedener Wellenlängen und Schwingungszahlen, von denen jede einer bestimmten F a r b e entspricht.

Man kann auch in dieser Beziehung das Licht mit dem Schall vergleichen. Ob nun der Schall von einem Musikinstrument oder auf irgendeine andere Weise erzeugt wird, so ist er jedenfalls im allgemeinen zusammengesetzter Art und kann betrachtet werden als aus vielen einzelnen Tönen bestehend, von denen jeder seine bestimmte Wellenlänge und Schwingungszahl hat. Natürlich können die Luftteile nicht gleichzeitig auf mehrere verschiedene Weisen schwingen; aber man kann sich den augenblicklichen Zustand der Luft an jeder einzelnen Stelle dadurch bestimmt denken, daß die Verdichtungen und Verdünnungen, die Schwingungen vorwärts und rückwärts, die den einzelnen Tönen entsprechen würden, sich in ähnlicher Weise zusammenfügen, wie die Wellenberge und Wellentäler auf einer Wasserfläche, wo mehrere Wellensysteme einander durchkreuzen. Wenn wir aber sagen, daß die verwickelte Wellenbewegung, die von einer Schallquelle ausgeht, aus verschiedenen Tönen besteht, so liegt hierin noch mehr als die bloße Möglichkeit, sie sich in der angegebenen Weise rein mathematisch in eine Reihe einfacher Wellensysteme aufgelöst zu denken; die Auflösung kann nämlich auch in mehr greifbarer, physikalischer Weise geschehen. Wenn die ausgesandten Schallwellen auf eine Reihe von Saiten treffen, von denen jede auf einen bestimmten Ton gestimmt ist, d. h. diesen hervorbringen würde, wenn sie angeschlagen wird, so wählt jede Saite aus dem zusammengesetzten Schall gleichsam diesen Ton heraus und wird durch ihn in Schwingungen versetzt; man sagt, die Saite wirkt als „Resonator" für den betreffenden Ton. Die Töne, die so aufgefangen werden und den Resonator in Mitschwingung versetzen, werden dann in der Nähe der Resonatoren lauter klingen; aber sie werden aus dem ganzen Wellenzug, der die Resonatoren passiert, teilweise herausgenommen, so daß sie auf seinem weiteren Wege nun gegenüber denjenigen, die keine gleichgestimmte Saite gefunden haben und daher unbeeinflußt weiter gezogen sind, geschwächt sind. Die Resonatoren „absorbieren" (verschlucken) sozusagen die Töne, auf die sie abgestimmt sind.

Etwas annähernd hiermit Vergleichbares kann nun, wie wir später sehen werden, auch mit Licht geschehen, welches aus verschiedenen Farben, d. h. aus Wellensystemen mit verschiedener Wellenlänge zusammengesetzt ist; aber zur vollständigen Auflösung eines solchen Lichtes in Farben bedient man sich ganz anderer Mittel.

Wenn Licht aus einem Stoff in einen anderen übergeht, z. B. aus Luft in Glas oder umgekehrt, so wird es „gebrochen", d. h. die Richtung der Lichtstrahlen wird verändert; wenn es aber aus verschiedenen Farben zusammengesetzt ist, so ist die Brechung überdies mit einer Farbenzerstreuung verbunden. Blicken wir z. B. durch ein Glasprisma, so daß das Licht von dem betrachteten Gegenstande durch zwei Prismenflächen, die einen nicht allzu großen Winkel miteinander bilden, ein- und austreten muß, so sehen wir die Gegenstände nicht bloß, wegen der Brechung der Strahlen, von ihrem Platze verschoben, sondern gleichzeitig mit farbigen Rändern. Nach welchen Gesetzen diese mit der Brechung verbundene Farberscheinung vor sich geht, hat zuerst NEWTON durch einen berühmten Versuch klargelegt, bei welchem Sonnenlicht, das durch eine enge Öffnung in einen dunklen Raum eintritt, sich zu einem Farbenband erweitert, zu einem Spektrum, das aus allen Farben des Regenbogens besteht: Rot, Gelb, Grün, Blau und Violett in der angegebenen Reihenfolge und mit allmählichen Übergängen zwischen den Nachbarfarben.

In Newtons ursprünglichem Versuch waren die verschiedenen Farben aber nur recht unvollkommen getrennt. Ein Spektrum mit reineren Farben kann man mit dem in Abb. 9 abgebildeten

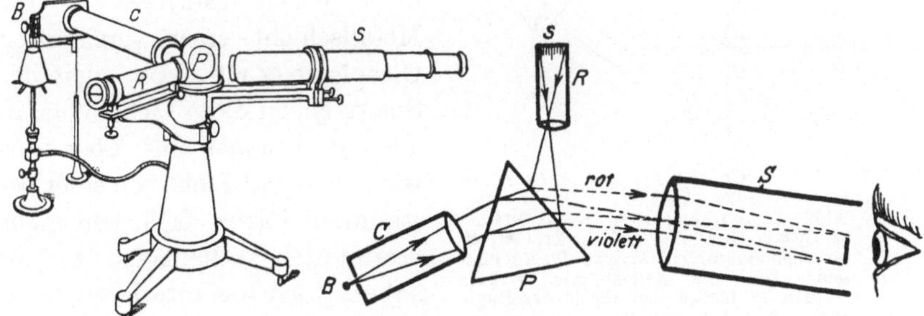

Abb. 9. Prismenspektroskop. Links der Kollimator, rechts das Fernrohr.

„Spektroskop" erhalten. Das zu untersuchende Licht beleuchtet einen einstellbaren, senkrechten Spalt in der Endplatte eines Rohres („Kollimator"), das am anderen Ende eine Linse enthält. Wenn der Spalt in der Brennebene der Linse steht, so wird das Licht aus jedem Punkte des Spaltes zu parallelen Strahlen gesammelt, diese treffen dann auf ein Prisma mit senkrechter Kante, das auf einem kleinen drehbaren Tisch aufgestellt ist, und werden in diesem gebrochen. Die gebrochenen Strahlen gehen darauf in einer neuen Richtung durch ein Fernrohr, dessen Objektivlinse in seiner Brennebene für jede Farbe ein scharfes senkrechtes Spaltbild entwirft, welches durch das Okular des Fernrohres betrachtet werden kann; da aber die verschiedenen Farben ungleich stark gebrochen werden, die violetten am meisten, die roten am wenigsten, so kommen die verschieden gefärbten Spaltbilder alle an verschiedene Stellen; zusammen bilden alle Spaltbilder ein in wagerechter Richtung ausgedehntes Spektrum, dessen Höhe überall die des einzelnen Spaltbildes ist. Durch Drehung des Fernrohres

kann man die verschiedenen Teile des Spektrums ins Gesichts-
feld rücken. Zu Ausmessungen im Spektrum bringt man in den
Brennplan des Fernrohres ein mit feinen Schrauben verschiebbares
Fadenkreuz oder einen senkrechten Faden aus Spinngewebe.

Anstatt die Farbenzerstreuung durch Brechung des Lichtes in
einem Prisma zu bewirken, kann man dazu auch die Interferenz
benutzen, die entsteht, wenn ein Bündel paralleler Lichtstrahlen
durch ein „Gitter“ hindurchgeht, d. h. durch eine große Menge
äußerst feiner und in genau
gleichen, sehr kleinen Abständen
parallel liegender Spalte, die man
z. B. durch Einritzen in die
Metallschicht einer versilberten
Glasplatte erhält. Von jedem der
Spalte gehen dann Lichtwellen in
allen Richtungen aus, aber falls
wir es nur mit Licht von einer bestimmten Farbe, d. h. von einer
bestimmten Wellenlänge, zu tun
haben, wird die Interferenz zwischen den Wellen aus allen Spalten zusammen bewirken, daß sie
einander vollständig aufheben,
mit Ausnahme in der Strahlrich-

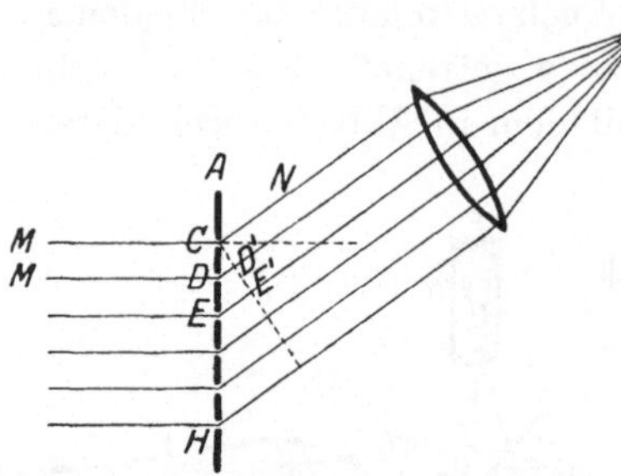

Abb. 10. Wirkungsweise eines Gitters.
A Gitter, *C, D, E . . . H* Spalte. *M, M*
einfallende Strahlen. Wenn *DD′, EE′* eine
ganze Zahl von Wellenlängen beträgt,
werden die Lichtwellen, die in der Richtung *AN* gehen und in einer Linse gesammelt werden, im Sammelpunkte alle
denselben Schwingungszustand haben und
daher hier zusammenwirken; in anderen
Richtungen hebt das Licht aus einem
Spalte das Licht aus dem anderen auf.

tung selbst, und in Richtungen, die bestimmte, von der Wellenlänge und dem Abstand der Spalte abhängige Winkel mit der
Strahlrichtung bilden. Einfarbiges („monochromatisches“) Licht
kann man erhalten, wenn man als Lichtquelle eine Spritflamme
benutzt, die mit gewöhnlichem Salz (Chlornatrium) gelb gefärbt
ist; wird der Spalt eines Spektroskops mit dem gelben Licht einer
solchen Flamme beleuchtet und bringt man an die Stelle des Pris-
mas ein Gitter senkrecht zur Strahlrichtung, so sieht man im
Fernrohr mitten vor dem Gitter ein gelbes Spaltbild und zu beiden
Seiten desselben noch 1, 2, 3 oder vielleicht noch mehrere Spaltbilder. Wird nun Sonnenlicht benutzt, so wird das Mittelbild
weiß, da hier alle Farben zusammenkommen; die anderen dagegen
verwandeln sich in Spektren, weil die verschiedenen Farben ungleich stark abgebeugt werden. In diesen „Gitterspektren“, die
nach ihrer Reihenfolge von der Mittellinie als Spektren 1., 2., 3. Ord-

nung bezeichnet werden, liegt das violette Ende am nächsten, das rote am weitesten von der Mittellinie. Da man zeigen kann, daß die Abbeugung um so größer sein muß, je größer die Wellenlänge ist, so kann man hieraus schließen, daß das violette Licht die kleinste, das rote die größte Wellenlänge hat. Aus der Größe der Abbeugung und dem Spaltabstande im Gitter kann man die Wellenlänge des betreffenden Lichtes berechnen.

Für das gelbe Licht aus der mit Salz gefärbten Spritflamme ergibt sich die Wellenlänge zu etwa $0{,}000589$ mm $= 0{,}589\ \mu$ oder $589\ \mu\mu$ (s. S. 25). In Zentimetern ist die Wellenlänge $0{,}0000589$ cm, und aus der Formel $\nu = \dfrac{c}{\lambda}$ ergibt sich $\nu = 526 \cdot 10^{12}$ oder 526 Billionen. Die Schwingungszahl ist also ganz überwältigend groß. Für das äußerste Rot und das äußerste Violett im Spektrum sind die Wellenlängen $800\ \mu\mu$ bzw. $400\ \mu\mu$ und die Schwingungszahlen 375 bzw. 750 Billionen. Statt der durchsichtigen Spaltgitter verwendet man bei wissenschaftlichen Untersuchungen immer Spiegelgitter aus Metall mit parallelen Ritzen; das Spektrum wird hier von dem an den nicht geritzten Stellen zurückgeworfenen Lichte gebildet. Solche Spiegelgitter kann man auch durch Einritzen in einen Hohlspiegel herstellen (Konkavgitter); diese sammeln gleichzeitig die Strahlen, so daß man hierzu keiner Glaslinsen mehr bedarf. Gitter mit mehreren hundert Linien oder Ritzen auf den Millimeter geben ausgezeichnete Spektren mit starkem Licht und großer Farbenzerstreuung. Die Herstellung der ersten wirklich guten Gitter verdankt man der Geschicklichkeit des Amerikaners ROWLAND, der im Jahre 1870 eine Teilmaschine baute, von der die meisten jetzt in Benutzung befindlichen guten Gitter herrühren. ROWLAND hat hierdurch der physikalischen Wissenschaft einen unschätzbaren Dienst geleistet.

Spektrallinien.

Im Anfange des vorigen Jahrhunderts entdeckte WOLLASTON in England, dann FRAUNHOFER in Deutschland, daß im Spektrum des Sonnenlichtes dunkle Linien auftraten, was also anzeigte, daß gewisse Farben fehlten. Die am stärksten hervortretenden unter diesen „Fraunhoferschen Linien“ wurden vom Rot zum Violett mit A, B, C, D, E, F, G, H bezeichnet. Später fand man, daß einige von ihnen doppelt waren, z. B. D, die sich in D_1 und D_2 auflösen ließ;

man führte auch andere Namen ein, z. B. b und h; aber die Anzahl der Linien stieg mit den veränderten Hilfsmitteln in die Hunderte, ja Tausende. Das Licht von einem glühenden festen oder flüssigen (geschmolzenen) Stoffe ist dagegen kontinuierlich, d. h. es hat keine dunklen Linien. Eine Abbildung des Sonnenspektrums mit den stärksten Fraunhoferschen Linien findet sich in Abb. 11.

In einem Gegensatz zu dem Sonnenspektrum mit seinen dunklen Linien auf hellem Grunde stehen die sog. Linienspektren, die aus hellen Linien auf dunklem Untergrunde bestehen. Das erste bekannte Linienspektrum war das, welches von dem Licht der oben erwähnten Salzflamme gebildet wird. Dieses hat, wie erwähnt, nur eine einzige gelbe Linie, welche sich allerdings später als aus zwei dicht beieinander liegenden Linien bestehend erwies. Was die Flamme gelb färbte, war Chlornatrium. Aber daß hierbei nicht das Chlor, sondern der metallische Grundstoff Natrium wirksam ist, geht daraus hervor, daß auch andere Natriumsalze, aber nicht Chlorverbindungen ohne Natrium, die gelbe Doppellinie geben können. Man mußte daher schließen, daß es der Natriumdampf war, von dem das gelbe Licht ausging, welches daher „Natriumlicht" genannt wird. Benützt man eine sehr heiße Flamme, so erscheinen neben der erwähnten gelben Linie noch andere, schwache Spektrallinien, die sich als eine Serie von Linienpaaren beschreiben lassen, welche sich von Orange nach Violett durch das Spektrum erstrecken (Abb. 11). Intensität und Linienabstand für jedes Paar nimmt in Richtung nach Violett ab. In der Abb. 11 sind, neben der starken gelben Linie, nur vier solche Paare eingezeichnet (wegen des kleinen Maßstabes kann man auf der Abbildung nicht sehen, daß die starke Linie, wie auch jede der schwachen, doppelt ist).

Man machte nun die interessante Entdeckung, daß die gelbe, stärkste Natriumlinie genau dieselbe Wellenlänge besaß wie das Licht, welches im Sonnenspektrum dort fehlte, wo die doppelte D-Linie erschien (vgl. Abb. 11).

Was es mit diesem merkwürdigen „Zusammentreffen", und mit anderen derselben Art, auf sich hatte, wurde etwa 1860 von KIRCHHOFF und BUNSEN aufgeklärt. Sie zeigten nämlich durch direkte Versuche, daß Natriumdampf nicht nur imstande ist, das genannte gelbe Licht auszusenden, wenn er selbst sich auf hoher Temperatur befindet, sondern daß er gleichzeitig auch Licht von derselben Wellenlänge absorbieren kann, wenn Strahlen von einem noch heißeren glühenden Körper durch den Dampf hindurchgehen. In diesem Zusammenhange steckt offenbar etwas, was an die bei den Schallwellen erwähnten Verhältnisse erinnert, wo ein „Resonator“ den Ton absorbiert, den er selbst aussenden kann. Die dunkle D-Linie im Sonnenspektrum mußte nun offenbar davon herrühren, daß sich in den äußersten Schichten der Sonne Natriumdampf von niederer Temperatur als das strahlende weißglühende Innere der Sonne befindet, und daß das der D-Linie entsprechende Licht, welches ursprünglich in den Strahlen der Sonne zugegen ist, von die-

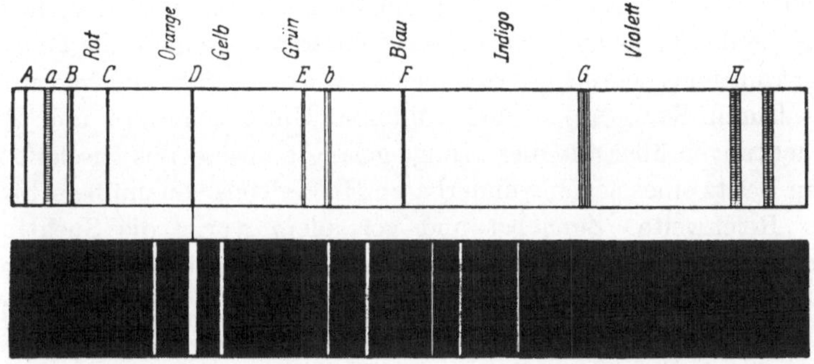

Abb. 11. Sonnenspektrum und Natriumspektrum. Die Fraunhofersche D-Linie in ersterem liegt bei derselben Wellenlänge wie die gelbe Linie im Natriumspektrum.

sem Dampf absorbiert worden ist. Verschiedene sinnreiche Versuche, die wir hier nicht besprechen können, bekräftigen die Richtigkeit dieser Auffassung.

Auch bei den anderen Linienspektren entsprechen bestimmte Linien, wie bei dem Licht der Kochsalzflamme, im allgemeinen bestimmten Grundstoffen und nicht bestimmten chemischen Verbindungen; die Aussendung dieser Linien ist m. a. W. keine Moleküleigenschaft, sondern eine Atomeigenschaft. Die Linienspektren der Metalle kann man, wie das Natriumspektrum, oft dadurch erzeugen, daß man ein Salz des betreffenden Metalles in einer Spritflamme oder besser in der heißen farblosen Gasflamme des Bunsenbrenners zum Verdampfen bringt; kräftigere und bessere Mittel hat man dagegen in dem elektrischen Lichtbogen oder in starken elektrischen Funken. Auch die Atome, aus denen die Moleküle der Gase aufgebaut sind, können in einen solchen Zustand gebracht werden, daß sie Licht aussenden, welches bei der Untersuchung im Spektroskop sich als aus einzelnen Linien bestehend erweist. Man erreicht dies mit Hilfe elektrischer Entladungen verschiedener Art; Lichtbogen, Funken oder Entladungen durch ein Rohr, in dem sich das Gas in verdünntem Zustande befindet.

Ebenso wie bei der D-Linie gehören auch zu den übrigen Fraunhoferschen Linien des Sonnenspektrums immer entsprechende helle Linien in den hier auf Erden herstellbaren Linienspektren bestimmter Grundstoffe; man muß also annehmen, daß jene Fraunhoferschen Linien durch Absorption in den betreffenden Grundstoffen zustande kommen. Sie erzählen uns daher, daß diese Stoffe sich im Gaszustande in der Atmosphäre der Sonne vorfinden, durch welche das Licht aus den inneren dichteren Schichten, die an sich ein kontinuierliches Spektrum ergeben würden, hindurchgehen muß.

Durch KIRCHHOFFS und BUNSENS Untersuchungen und Betrachtungen über alle diese Dinge gelangte unsere Wissenschaft in den Besitz eines neuen wunderbaren Hilfsmittels von unübersehbarer Reichweite. Zunächst und vor allem wurde die Spektraluntersuchung als „Spektralanalyse" in den Dienst der Chemie gestellt. Mit ihrer Hilfe war es unter anderem in vielen Fällen möglich, Stoffmengen zu analysieren, deren Kleinheit sie einer sonstigen chemischen Behandlung entzog, oder winzigste Spuren eines Grundstoffes nachzuweisen; verschiedene Grundstoffe wurden so zuerst mittels des Spektroskops entdeckt. Gleichzeitig wurde es möglich, die chemische Analyse auf die Sonne und ferne Fixsterne auszudehnen; außerdem aber haben die Spektrallinien uns von verschiedenen physikalischen Dingen Kunde geben können, von denen man hätte glauben sollen, daß sie jeder Beobachtung unzugänglich sein müßten. Ja, sie haben uns einen Schlüssel zu den tiefsten Geheimnissen der Atome gegeben — welchen Schlüssel jedoch erst NIELS BOHR uns zu brauchen gelehrt hat.

Bei der bisherigen Besprechung des Spektrums haben wir uns auf das für das Auge sichtbare Spektrum beschränkt, welches von dem äußersten Rot und dem äußersten Violett begrenzt wird. Diese Grenzen sind aber in Wirklichkeit zufällig, da sie durch die Eigenschaften des menschlichen Auges bedingt sind. Wir können das Spektrum auch anders als durch den direkten Augenschein untersuchen; so können wir teils die Wirkung der Strahlen auf die photographische Platte benutzen, teils ihre Wärmewirkung, z. B. auf dünne elektrische Leitungsdrähte, die in die verschiedenen Stellen des Spektrums eingeführt werden. Auf diese Weise entdeckte man, daß jenseits des Violett bzw. des Rot „ultraviolette" Partien mit kräftigen photographischen Wirkungen und „ultrarote" Partien mit kräftigen Wärmewirkungen liegen, und wir können auch hier Spektrallinien nachweisen, sowohl dunkle wie helle. Bei diesen Untersuchungen hat der Umstand, daß das Glas für ultraviolette wie ultrarote Strahlen nicht „durchsichtig" ist, ein Hindernis gebildet; dieses hat man aber überwinden können, indem man entweder andere Stoffe, wie Quarz oder Steinsalz, zu Prismen oder Linsen benutzte oder Konkavgitter anwandte; so konnte man die Untersuchung des Spektrums nach beiden Seiten hin ausdehnen. Durch besondere Mittel ist es möglich gewesen, Strahlen mit Wellenlängen bis hinauf zu $300\,\mu$ und bis herab zu etwa $0{,}02\,\mu$ nachzuweisen, was Schwingungszahlen zwischen 1 Billion und 15 000 Billionen entspricht, während die Wellenlängen der sichtbaren Strahlen zwischen $0{,}8$ und $0{,}4\,\mu$ liegen. Übrigens braucht man die Bezeichnung Lichtstrahlen in weiterem Sinne auch für die ultraroten und ultravioletten Strahlen, die sich in Prismen- oder Linsenspektren nachweisen lassen.

Weit größere Wellenlängen als die oben erwähnten $300\,\mu$ $(0{,}03\text{ cm})$ haben, wie wir schon sahen, die auf direktem elektrischen Wege erzeugten elektromagnetischen Wellen. Man ist hier in der drahtlosen Telegraphie bis zu Wellenlängen von 30 km gekommen, was einer Schwingungszahl von 10 000 entspricht, und ist andererseits in neuester Zeit auf dem direkten elektrischen Wege bis zu Wellenlängen von $0{,}3$ mm und weniger herabgekommen, so daß die Kluft, welche bis vor kurzem die äußerste ultrarote Strahlung von der elektrisch erzeugten trennte, überbrückt ist.

Viel kleinere Wellenlängen als die oben genannten $0{,}02\,\mu$ oder $20\,\mu\mu$ liegen in den sog. „Röntgenstrahlen" vor, bei denen man mit der Wellenlänge bis zu $0{,}01\,\mu\mu$ herabkommt, was einer Schwingungszahl von 30 Trillionen entspricht. Diese Strahlen können unmöglich selbst mit den allerfeinsten künstlichen Gittern untersucht werden; aber Krystalle geben, wegen der regelmäßigen Anordnung der Atome in ihnen, eine Art natürlicher Gitter von außerordentlicher Feinheit. Mit Hilfe solcher Krystallgitter ist es gelungen, die Röntgenstrahlen in eine Art Spektrum zu zerlegen und damit einerseits die Wellenlänge der Röntgenstrahlen zu messen, andererseits einen Einblick in den inneren Aufbau der Krystalle zu gewinnen. Der deutsche Physiker Laue, der Entdecker dieser

Wirkung von Krystallen auf Röntgenstrahlen (1912), ließ das
Bündel Röntgenstrahlen durch den Krystall hindurchgehen und
erhielt dadurch Photographien wie die in Abb. 12 abgebildete.
Eine verbesserte Methode verdankt man den Engländern W. H.
und W. L. BRAGG, bei welcher Bündel von Röntgenstrahlen an den
Krystallflächen reflektiert werden. Die größte Wellenlänge, die
man bei Röntgenstrahlen hat messen können, beträgt etwa 1,8 $\mu\mu$.

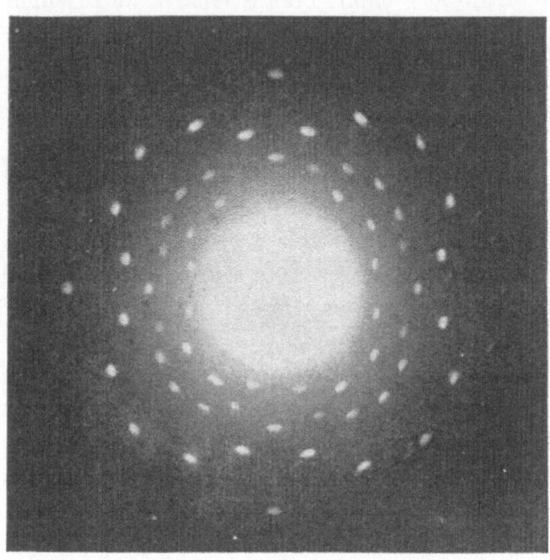

Abb. 12. Photographische Wirkung von Röntgenstrahlen, die
durch das Atomgitter eines Magnesiakrystalles hindurchgegangen
sind.

Von da ist es also noch ein großer Sprung zu den 20 $\mu\mu$ der äußersten ultravioletten Strahlen. Es soll aber erwähnt werden, daß man in den letzten Jahren auch schon in gewissen Versuchen mit Röntgenstrahlen operiert, deren Wellenlängen von 1,5 $\mu\mu$ bis 20 $\mu\mu$ hinaufgehen; womit also gewissermaßen die Brücke zu dem bisherigen äußersten „Ultraviolett" geschlagen ist. Es ist aber noch nicht gelungen, in direkter Weise die Wellenlängen dieser Strahlen zu messen. .

Gleichzeitig damit, daß man so in die Breite ging und den
Umfang des Spektrums vervielfachte, ist man aber auch in die
Tiefe gegangen, d. h. man hat die Feinheit, mit der die einzelnen
Teile des Spektrums untersucht werden können, außerordentlich
erhöht. Mit den heutigen Mitteln ist es möglich, die Wellenlänge
einer Spektrallinie mit einer Genauigkeit von 0,001 $\mu\mu$ oder noch
weniger zu bestimmen und dadurch äußerst kleine Veränderungen
der Wellenlänge nachzuweisen, wie sie durch verschiedene physikalische Einwirkungen zustande kommen.

Außer den bisher erwähnten Arten von Spektren, nämlich den kontinuierlichen Spektren, die von festen oder flüssigen glühenden Körpern ausgesandt werden, den Linienspektren, die von gasförmigen Körpern herrühren, und den Absorptionsspektren mit dunklen Linien, kennt man noch Spektren von anderer Art. Hierher gehören die Absorptionsspektren, die beim Durchgange des weißen Lichtes durch farbiges Glas oder farbige Flüssigkeiten zustande kommen; hier erhält man keine feinen schwarzen Linien im Spektrum, sondern es zeigen sich breitere dunkle „Absorptionsstreifen", oder es bleiben vom Spektrum nur einzelne helle Partien übrig. Ferner gehören hierher die sog. „Bandenspektren"; diese sind ebenso wie die Linienspektren reine Aussendungsspektren oder „Emissionsspektren" und werden von dem Licht aus Gasen unter besonderen Bedingungen erhalten. Sie sehen aus, als ob sie aus einer Reihe leuchtender Bänder beständen, die in gewisser Regelmäßigkeit aufeinanderfolgen (s. Abb. 13).

Bei stärkerer Farbenzerstreuung lösen sich die Banden jedoch in Gruppen von helleren Linien auf.

Die Spektren, mit denen wir es im folgenden am meisten zu tun haben, sind jedoch

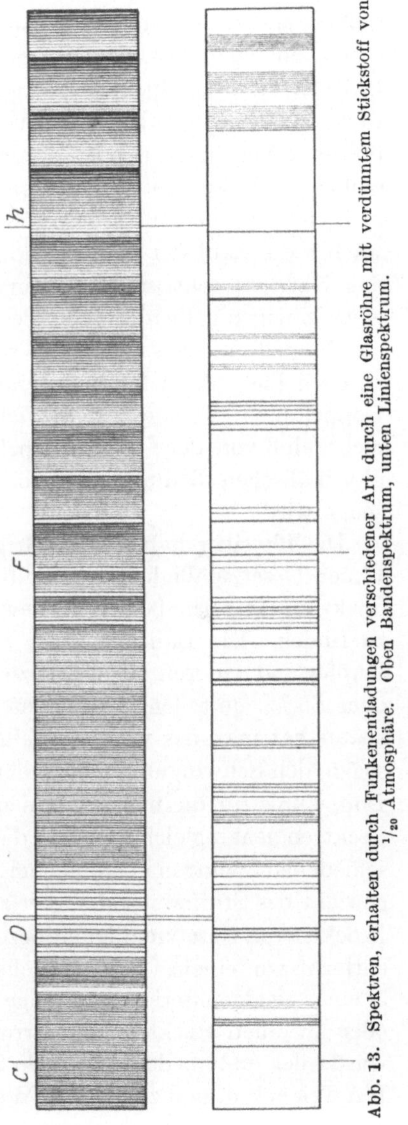

Abb. 13. Spektren, erhalten durch Funkenentladungen verschiedener Art durch eine Glasröhre mit verdünntem Stickstoff von $^1/_{20}$ Atmosphäre. Oben Bandenspektrum, unten Linienspektrum.

die eigentlichen Linienspektren, und diese wollen wir daher etwas näher betrachten.

Die Linienspektren der verschiedenen Stoffe sind inbezug auf Kompliziertheit äußerst verschieden. Während manche Metalle eine überwältigende Zahl von Linien geben, Eisen z. B. ca. 5000, gibt es andere, die nur einige wenige geben, wenigstens in einem einfachen Spektroskop. Mit einem lichtstärkeren und stärker farbenstreuenden Spektroskop geht diese Einfachheit jedoch zurück, indem sich teils ganz neue, lichtschwächere Linien zeigen, teils eine Verdopplung oder Verdreifachung von Linien, die vorher einfach schienen, eintritt, und wenn man die Untersuchung auf die ultravioletten und ultraroten Partien des Spektrums ausdehnt, so wächst die Zahl der Linien. So haben wir vorher erwähnt, daß das Natriumspektrum aus einer gewöhnlichen Flamme nur aus einer einzigen gelben Linie zu bestehen schien, die sich dann aber als Doppellinie erwies; in einer sehr heißen Flamme oder im elektrischen Lichtbogen fand man noch mehrere Reihen schwächerer Doppellinien; welche und wieviel Linien man erhält, hängt also nicht bloß von der Güte des Spektroskops, sondern auch von den physikalischen Bedingungen ab, unter denen das Spektrum erzeugt wird.

Die Physiker haben sich eifrig bemüht, in der Verteilung der Linien Gesetzmäßigkeiten aufzufinden, und es ist auch für einige Spektren einigermaßen leicht gewesen, gewisse Gesetzmäßigkeiten zu finden. Die Linienspektren von Lithium, Natrium, Kalium, Kupfer und anderen, um einige zu nennen, konnte man in 3 Reihen oder Serien einteilen, von denen jede aus Doppellinien bestand; später hat man des weiteren gefunden, daß der Unterschied zwischen den Schwingungszahlen der beiden „Komponenten" einer Doppellinie für die meisten Linien in einem und demselben dieser Spektren genau gleich war, und daß dieser Unterschied bei den verschiedenen Spektren in einfachem Zusammenhange mit dem Atomgewicht des Stoffes stand. Aber all dieses kann man doch nur als Brocken von Gesetzmäßigkeit bezeichnen; man ist damit noch weit entfernt von einem Gesetz, welches die Linienverteilung auch nur in einer einzigen Serie, geschweige denn in einem ganzen Spektrum oder in allen Spektren entwirren könnte. In dieser Richtung wurde der erste bedeutungsvolle Schritt 1885 von dem Schweizer BALMER getan, und zwar beim Wasserstoffspektrum, welches das einfachste aller Spektren ist. Im sichtbaren Teil besteht dieses nur aus 3 Linien, einer roten, einer blaugrünen und einer violetten; sie entsprechen den Fraunhoferschen Linien C, F und h und werden heute allgemein als H_α, H_β und H_γ bezeichnet. Hierzu kommt dann aber noch eine nicht geringe Zahl von Linien im Ultraviolett.

BALMER entdeckte, daß die Wellenlängen der roten und der grünen Wasserstofflinie sich genau wie 2 ganze Zahlen verhielten, nämlich 27 zu 20, und daß die Wellenlänge der grünen und der violetten Linie sich wie 28 zu 25 verhielten. Durch fortgesetzte Betrachtungen über diesen Zusammenhang kam er schließlich zu einer Regel, die sich in einer einfachen Formel ausdrücken ließ. Wenn man statt der Wellenlänge Schwingungszahlen einführt, so kann die Balmersche Formel wie folgt geschrieben werden:

$$\nu = K \cdot \left(\frac{1}{4} - \frac{1}{n^2} \right),$$

wo ν die Schwingungszahl einer Wasserstofflinie bedeutet, K eine konstante Zahl ist, nämlich $3{,}29 \cdot 10^{15}$ oder 3290 Billionen, und n eine ganze Zahl ist. Wenn man diese ganze Zahl „n" verschiedene Werte annehmen läßt, so wird ν die Schwingungszahl für die verschiedenen Wasserstofflinien. Freilich wird $n = 1$ ν negativ machen, $n = 2$ gibt $\nu = 0$: diese Werte geben also offenbar keinen

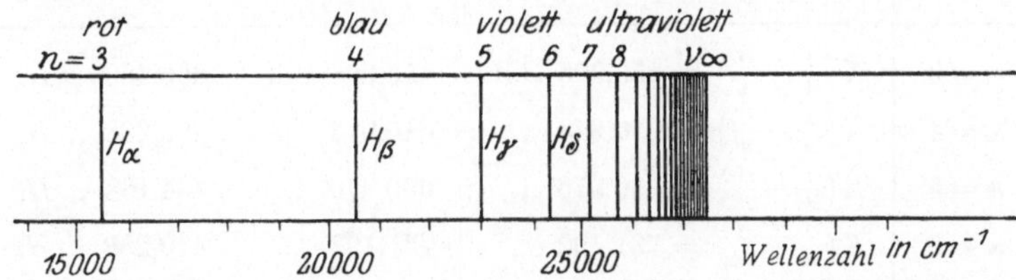

Abb. 14. Die der Balmer-Serie entsprechenden Linien des Wasserstoffspektrums.

Sinn. Wird aber $n = 3$ gesetzt, so erhält man die Schwingungszahl für die rote Wasserstofflinie H_α; $n = 4$ gibt die der grünen H_β, und $n = 5$ die der violetten H_γ.

Nach und nach fand man über 30 Wasserstofflinien, die mit großer Genauigkeit der Formel mit verschiedenen ganzen Zahlen für n entsprachen. Einige dieser Linien waren jedoch nicht mit irdischem Wasserstoff erhalten, sondern im Spektrum der Sonne und der Sterne aufgefunden. Aber ihr genaues Hineinpassen in die Balmersche Formel ließ deutlich erkennen, daß sie vom Wasserstoff herrührten, und die Formel hat so ihre Fähigkeit zur Offenbarung „himmlischer Dinge" bewiesen. In dem Maße, wie n wächst, nähert sich das Glied $1/n^2$ der Null, und man kann es dieser Grenze beliebig nahe bringen, wenn man n ins „Unendliche" wachsen läßt; oder, wie sich der Mathematiker ausdrückt: für $n = \infty$ wird $1/n^2 = 0$ und folglich $\nu = K/4 = 823$ Billionen, entsprechend einer Wellenlänge von $365\,\mu\mu$. Physikalisch bedeutet dies, daß das Linienspektrum des Wasserstoffes im Ultraviolett von einer Linie, die dieser Schwingungszahl entspricht, begrenzt sein muß. In der Nähe dieser Grenze müssen die der Balmerformel entsprechenden Linien sehr dicht beieinander liegen. Schon für $n = 20$ wird ν nur sehr wenig verschieden von $K/4$, und der Abstand zwischen zwei aufeinanderfolgenden Linien, der einer Vergrößerung von n um eine Einheit entspricht, wird immer kleiner.

Abb. 14, wo die oberen Zahlen Wellenlängen bedeuten, und zwar in der sog. Ångström-Einheit von $0,1\,\mu\mu$ gezählt, zeigt deutlich diese Anhäufung der Wasserstofflinien nach einer bestimmten Grenze zu. Die folgende Tabelle, wo für K der genauere Wert $K = 3290,364$ Billionen benutzt ist, zeigt, wie genau die aus der Formel berechneten Werte mit den beobachteten übereinstimmen.

$K\left(\dfrac{1}{4} - \dfrac{1}{n^2}\right) = \nu$ (berechnet)	ν (gefunden)	λ (gefunden)
$n = 3$ $K\left(\dfrac{1}{4} - \dfrac{1}{9}\right) = 456{,}995$ Bill.	$456{,}996$ Bill.	$656{,}460\,\mu\mu\ H_\alpha$
$n = 4$ $K\left(\dfrac{1}{4} - \dfrac{1}{16}\right) = 616{,}943$ „	$616{,}943$ „	$486{,}268$ „ H_β
$n = 5$ $K\left(\dfrac{1}{4} - \dfrac{1}{25}\right) = 690{,}976$ „	$690{,}976$ „	$434{,}168$ „ H_γ
$n = 6$ $K\left(\dfrac{1}{4} - \dfrac{1}{36}\right) = 731{,}192$ „	$731{,}193$ „	$410{,}288$ „ H_δ
$n = 7$ $K\left(\dfrac{1}{4} - \dfrac{1}{49}\right) = 755{,}440$ „	$755{,}441$ „	$397{,}119$ „ H_ε
$n = 20$ $K\left(\dfrac{1}{4} - \dfrac{1}{400}\right) = 814{,}365$ „	$814{,}361$ „	$368{,}307$ „

Tabelle über einige Linien der Balmer-Serie.

In neuerer Zeit machte es dann BALMERS Landsmann, RITZ, aus gewissen Überlegungen, die sich an Untersuchungen des Schweden RYDBERG über Spektren anderer Grundstoffe anschlossen, wahrscheinlich, daß das Wasserstoffspektrum noch andere Linien enthalte als die, die der Balmerschen Formel entsprachen. Er nahm an, daß es, ebenso wie andere Spektren, mehrere Serien von Linien enthalte, und daß die Balmer-Formel nur einer von diesen entspräche. RITZ stellte nunmehr folgende umfassendere Formel (Balmer - Ritz - Formel) auf:

$$\nu = K \cdot \left(\frac{1}{n''^2} - \frac{1}{n'^2} \right),$$

wo K denselben Wert hat wie vorher und sowohl n' wie n'' ganze Zahlen sind, die eine Reihe verschiedener Werte annehmen können; für $n'' = 2$ erhält man die Balmersche Serie; einem Werte $n'' = 1$, $n' = 2, 3, \ldots \infty$ würde eine andere Serie entsprechen, welche ganz im Ultraviolett liegt, und einem Werte $n'' = 3$, $n' = 4, 5, \ldots \infty$ eine Serie im Ultrarot. Später ist es wirklich gelungen, Linien zu finden, die zu diesen Serien gehören.

Auch für die Linienspektren anderer Grundstoffe ist es gelungen, Formeln aufzustellen, die an die Ritzsche erinnern und wie diese die Verteilung der Linien angeben. Auch hier ergibt sich die Schwingungszahl als Differenz zwischen 2 Gliedern, von denen jedes eine ganze Zahl enthält, die eine Reihe von Werten durchlaufen kann. Während aber die Wasserstofformel außer den beiden „n" nur eine einzige konstante Größe K enthält und die Glieder die einfache Form K/n^2 haben, sind die Verhältnisse bei den anderen Grundstoffen verwickelter. Die einzelnen Glieder können oft, wie RYDBERG zuerst zeigte, mit großer Annäherung in der Form $\dfrac{K}{(n - \alpha)^2}$ geschrieben werden, wo K mit großer Annäherung dieselbe Konstante, die sog. „Rydberg-Konstante", ist, wie in der Wasserstofformel. Die neu hinzugekommene Größe α kann für denselben Stoff verschiedene Werte annehmen, und dadurch wird die Anzahl der Serien größer und die ganze Sachlage erheblich verwickelter als beim Wasserstoffspektrum. Als Beispiel möge die Serie von schwachen Linienpaaren im Natriumspektrum dienen, von denen in Abb. 11 vier Paare eingezeichnet sind. Ihre Frequenzen lassen sich ziemlich genau durch die Formeln

$$\nu = K \left(\frac{1}{(2{,}117)^2} - \frac{1}{(n - 0{,}350)^2} \right)$$

und

$$\nu = K \left(\frac{1}{(2{,}117)^2} - \frac{1}{(n - 0{,}011)^2} \right)$$

wiedergeben, wobei n wiederum nur ganzzahlige Werte annimmt.

Alle diese Formeln waren indessen rein „empirische“ Formeln
(Erfahrungsformeln), die aus den bei Spektralmessungen gefundenen Werten für Wellenlängen und Schwingungszahlen abgeleitet
waren; sie stellten sozusagen gewisse mehr oder weniger einfache
Buchführungsregeln dar, mit denen man sowohl altbekannte wie
neu gefundene Linien bequem registrieren und nach bestimmten
Methoden in Reihen einordnen konnte. Aber wenn auch kein Zweifel bestehen konnte, daß diese Regeln eine tiefere physikalische
Bedeutung hatten, so war es doch nicht möglich, dieser auf die
Spur zu kommen; man konnte keinen Zusammenhang erkennen
zwischen den Spektralformeln und den anderen physikalischen
Eigenschaften der Stoffe, welche diese Spektren aussandten; ja,
ihre Form bot nicht einmal irgendwelche Analogie mit Formeln,
die man aus anderen Gebieten kannte.

Drittes Kapitel.

Ionen und Elektronen.

Ältere elektrische Theorien und Gesetze.

Die elektrischen Grunderscheinungen, soweit sie schon seit zwei Jahrhunderten bekannt waren, bestehen, kann man sagen, darin, daß gewisse Stoffe durch Reibung „elektrisch" werden, d. h. eine eigentümliche Fähigkeit erhalten, leichte Gegenstände anzuziehen, sowie, daß es zwei Arten von elektrischen Körpern gibt — „positiv elektrische" und „negativ elektrische", von denen die gleichartig elektrischen einander abstoßen, während die ungleichartig elektrischen einander anziehen und, wenn sie dicht zusammengebracht werden, ihre Wirkungen nach außen ganz oder teilweise gegenseitig aufheben. Ferner hat man schon frühzeitig entdeckt, daß in einigen Stoffen (den „elektrischen Leitern", zu denen besonders die Metalle gehören) die Elektrizität sich frei von Ort zu Ort bewegen kann, während andere Stoffe (Nichtleiter oder Isolatoren, z. B. Glas, Porzellan, Luft) ein Hindernis für ihre Bewegung bilden.

Um diese Verhältnisse zu erklären, dachten sich einige, daß es zwei Arten „elektrischer Stoffe" oder „elektrischer Fluida" gäbe. Da man bei der Elektrisierung der Körper keinerlei Gewichtsveränderung feststellen konnte, so nahm man im allgemeinen an, daß die elektrischen Fluida gewichtslos seien. In den normalen, unelektrischen Körpern waren sie in gleich großen Mengen miteinander gemischt und hoben sich dabei in ihren Wirkungen gegenseitig auf (neutralisierten sich), weshalb man sie als einander entgegengesetzt betrachten und passend das eine „positiv" und das andere „negativ" nennen konnte. Nach einer anderen Theorie nahm man nur einen einzigen Elektrizitätsstoff an, welcher in den „unelektrischen" oder neutralen Körpern in einer bestimmten normalen Menge zugegen war, dagegen in den positiv elektrischen sich in einem Überschuß über jene, in den negativ elektrischen in einem „Unterschuß" zu jenen befand. Nach beiden Theorien konnte man von der Menge positiver oder negativer Elektrizität sprechen, die ein Körper enthielt oder mit der er „geladen" war, indem die Anhänger der Einstofftheorie darunter den Überschuß oder Unterschuß des einen Elektrizitätsstoffes verstanden. Ebenso konnte man bei einem Elektrizitätsstrom in einem Leiter nach beiden Theorien von der Richtung des elektrischen Stromes sprechen, indem die Anhänger der Zweistofftheorie darunter die Richtung verstehen konnten, in welcher die elektrischen Kräfte die positive Elektrizität vorwärts trieben oder die entgegengesetzte von der, in welcher sie die negative trieben; ob in Wirklichkeit positive Elektrizität in der einen oder negative in der entgegengesetzten ging, oder ob sie sich gleichzeitig jede in ihrer Richtung bewegen, konnte man nicht entscheiden. Auch war es nach beiden Theorien ganz willkürlich, wenn man den elektrischen Zustand von Glas, das mit Wolle gerieben war, als den positiv elektrischen bezeichnete, und im ganzen genommen schien die eine Theorie keine wesentlichen Vorteile vor der anderen zu haben. Der Unterschied zwischen ihnen schien mehr in der Ausdrucksweise als im Tatsächlichen zu liegen.

Daß jedoch der positive und der negative elektrische Zustand nicht ohne weiteres gleichgestellte oder „symmetrische" Zustände waren, schien aus den sog. Entladungserscheinungen hervorzugehen, bei welchen Elektrizität aus stark (positiv oder negativ) geladenen Körpern unter Leuchten in die Luft ausströmt oder die Luft zwischen positiven und negativen Körpern in Form von Funken, elektrischen Lichtbogen oder auf andere Weise durchbricht. Bei Entladung zwischen einer Spitze und einer Metallplatte wird man so unter gewissen Bedingungen ein schönes „Lichtbüschel" aus der Spitze austreten sehen, wenn diese positiv ist, während es bei negativer Spitze nur wie ein kleiner Stern aussieht.

Wir können hier natürlich nicht auf die mannigfachen elektrischen Erscheinungen und die dafür gültigen Gesetze eingehen, sondern müssen uns damit begnügen, gewisse Verhältnisse, die für die Atomtheorie eine besondere Rolle spielen, kurz zu besprechen.

Hierher gehört unter anderem das sog. Coulombsche Gesetz. Nach diesem von dem Franzosen Coulomb 1785 aufgestellten Gesetz verhalten sich die Kraftwirkungen — Abstoßung oder Anziehung — zwischen zwei elektrischen Körpern direkt wie das Produkt ihrer Elektrizitätsmengen und (ebenso wie die Anziehung zwischen neutralen Stoffteilen nach Newtons Gesetz) umgekehrt wie das Quadrat ihrer Entfernung. Als Einheit der Elektrizitätsmenge konnte man diejenige wählen, welche eine ebenso große gleichartige Elektrizitätsmenge in der Entfernung einer Längeneinheit mit einer Krafteinheit abstieß. Rechnet man mit dem wissenschaftlichen oder „absoluten" Einheitssystem, dessen Grundeinheiten die Längeneinheit von 1 cm, die Zeiteinheit von 1 Sek. und die Masseeinheit (Gewichtseinheit) von 1 g sind, so wird die Krafteinheit die Größe, die man eine Dyne nennt und die etwas größer ist als die Anziehungskraft der Erde auf ein Milligrammgewicht. Denken wir uns nun, daß man zwei ganz kleine Körperchen, die mit gleich großen Mengen von positiver oder auch negativer Elektrizität geladen sind, in einer Entfernung von 1 cm voneinander aufstellt, und findet man dann, daß sie einander mit einer Kraft von 1 Dyne abstoßen, so ist die Elektrizitätsmenge, mit der jedes von den Körperchen geladen ist, die absolute elektrostatische Elektrizitätseinheit. Macht man die Ladung des einen Körpers dreimal, die des anderen viermal so groß, so wird die Abstoßung 3 mal 4 = 12 mal so groß; wächst der Abstand des einen von dem anderen von 1 auf 5 cm, so wird die Abstoßung 5^2 = 25 mal so klein. Wird die Ladung des einen Körpers durch eine negative Ladung derselben Größe ersetzt, so tritt an Stelle der Abstoßung eine ebenso große Anziehung.

Im Anfange des 19. Jahrhunderts fand man Mittel, um einen dauernden „elektrischen Strom" in metallischen Leitungsdrähten zu erzeugen. Im Jahre 1820 entdeckte der Däne H. C. Örsted, daß ein elektrischer Strom in eigenartiger Weise auf eine Magnetnadel einwirkt, und daß er umgekehrt von den von einem Magneten ausgehenden Kräften, oder m. a. W. von einem magnetischen Felde, beeinflußt wird. Der Franzose Ampère stellte bald danach genaue mathematische Gesetze für die „elektromagnetischen" Kraftwirkungen zwischen Magneten und Strömen auf. 1831 entdeckte der Engländer Faraday, daß ein elektrischer Strom in einem Leiter auftrat — „induziert" wurde —, wenn in der Nähe Ströme oder Magneten ihre Stärke änderten oder bewegt wurden. Die von Faraday festgelegten Gesichtspunkte für den Zustand in den elektrischen und magnetischen Kraftfeldern in der Umgebung von Strömen oder Magneten erhielten auch grundlegende Bedeutung für die von Maxwell entwickelte elektromagnetische Wellentheorie, die im vorigen Abschnitt besprochen wurde. All dies zusammen wird heute allgemein als „Elektrodynamik" bezeichnet.

Elektrolyse.

FARADAY verdankt man auch die nähere Untersuchung der chemischen Wirkungen, die ein elektrischer Strom ausübt, wenn er durch Lösungen von Salzen oder Säuren zwischen zwei in die Flüssigkeit tauchenden Metallplatten — den Elektroden — hindurchgeschickt wird. Der Strom zerlegt die Salze und Säuren in zwei Bestandteile, welche von den elektrischen Kräften in entgegengesetzten Richtungen fortgeführt werden; man nennt diese Zerlegung „Elektrolyse". Ist die Flüssigkeit z. B. verdünnte Salzsäure, d. h. eine wässerige Lösung von Chlorwasserstoff (HCl), so geht der Wasserstoff mit dem Strom an die negative Elektrode, die Kathode, und führt positive Elektrizität zu dieser hin, während das Chlor gegen den Strom geht und negative Elektrizität an die positive Elektrode, die Anode, führt. Man muß hier mit dem Schweden ARRHENIUS annehmen, daß schon unter dem Einfluß des Wassers die Chlorwasserstoffmolekeln in positiv elektrische Wasserstoffatome und negativ elektrische Chloratome zerfallen, und daß die von der Anode und Kathode ausgehenden elektrischen Kräfte diese mit bzw. gegen die Stromrichtung führen; man bezeichnet diese elektrisch geladenen, wandernden Atome als Ionen, d. h. „Wandernde". Die positive Elektrizität, die von den Wasserstoffatomen zur Kathode geführt wird, geht aus dieser in die metallische Leitungsbahn über, und die Anode muß ihrerseits aus der metallischen Leitungsbahn ebenso viele positive Elektrizität zugeführt erhalten, welche an die Chloratome abgegeben wird und diese neutralisiert; deren negative elektrische Ladung muß daher ebenso groß sein wie die positive der Wasserstoffatome. Dies gilt, da gleich viele von beiden Atomarten vorhanden sind, sowohl von der Gesamtheit der in einer gewissen Zeit überführten Atome als auch von den einzelnen Wasserstoff- und Chloratomen.

FARADAY hatte gefunden, daß die Wasserstoffmenge, die bei der Elektrolyse in einer bestimmten Zeit an der Kathode entladen wurde, proportional war mit der in der gleichen Zeit überführten Elektrizitätsmenge. 1 g Wasserstoff führte also immer die gleiche Elektrizitätsmenge mit sich. Wie groß diese Elektrizitätsmenge ist, kann man durch Versuche finden, und da man jetzt ja das Gewicht eines einzelnen Wasserstoffatoms in Gramm kennt (s. S. 26), so kann man ausrechnen, eine wie große Elektrizitätsmenge es trägt; drückt man diese in der oben genannten elektrostatischen Einheit aus, so wird ihre Größe durch die Zahl $4,77 \cdot 10^{-10}$ oder 477 Billionstel angegeben. Ein Chloratom führt ebenfalls $4,77 \cdot 10^{-10}$ elektrostatische Einheiten, diesmal aber negativer Elektrizität, mit sich; da sein Atomgewicht 35,5 mal das des Wasserstoffes ist, so tragen 35,5 g Chlor ebensoviel negative Elektrizität wie 1 g Wasserstoff positive. Das Verhältnis $\dfrac{e}{m}$ zwischen Ladung e und Masse m ist daher für Wasserstoff 35,5 mal größer als für Chlor.

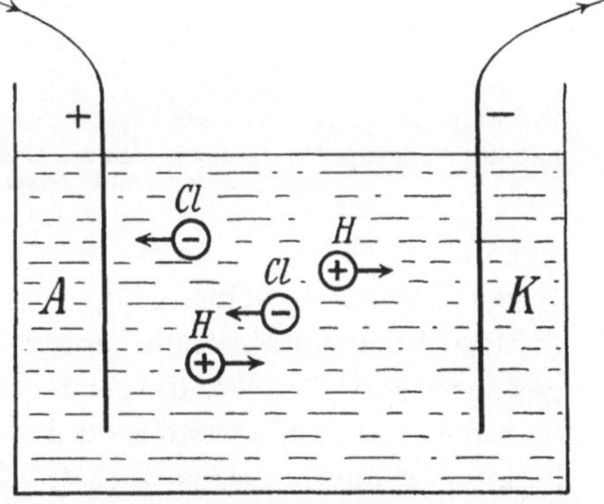

Abb. 15. Schema für die Elektrolyse von Chlorwasserstoff. *A* Anode, *K* Kathode, *H* Wasserstoffatome, *Cl* Chloratome.

Bisher haben wir nur von der Elektrolyse des Chlorwasserstoffes gesprochen. Wir wollen nun annehmen, daß Chlorzink durch Elektrolyse in Chlor und Zink zerlegt wird. Jedes Chloratom wird dann, wie vorher $4,77 \cdot 10^{-10}$ negative elektrostatische Einheiten zur Anode führen; da aber das Zink zweiwertig ist (s. S. 14) und demnach auf 1 Atom Zink 2 Chloratome kommen, so muß das Zinkatom eine (positive) Elektrizitätsmenge von $2 \cdot 4,77 \cdot 10^{-10}$ elektrostatischen Einheiten zur Kathode führen. Ein Atom oder eine Atomgruppe mit der Wertigkeit 3 führt bei der Elektrolyse $3 \cdot 4,77 \cdot 10^{-10}$ Einheiten usw.

Wir sehen so, daß die Elektrizitätsmenge, die bei der Elektrolyse die Ionen begleitet, immer $4,77 \cdot 10^{-10}$ elektrostatische Einheiten oder ganze Vielfache davon beträgt. Dies legt den Gedanken nahe, daß der „Elektrizitätsstoff" atomistisch ist und die genannte Größe die kleinste Elektrizitätsmenge ist, die für sich auftreten kann, oder m. a. W. ein „elektrisches Elementarquantum" oder ein „Elektrizitätsatom" darstellt. Ein einwertiges Grundstoffatom würde dann, wenn es elektrisch ist, also als Ion auftritt,

1 Elektrizitätsquantum enthalten, ein zweiwertiges 2 usw. Im Anschluß an den Gedankengang der Zweistofftheorie könnte man weiter annehmen, daß es zwei Arten von Elektrizitätsatomen gäbe, entsprechend der positiven und negativen Elektrizität. Man konnte sich dann grobe Vorstellungen nach Art der Abb. 16 machen, die

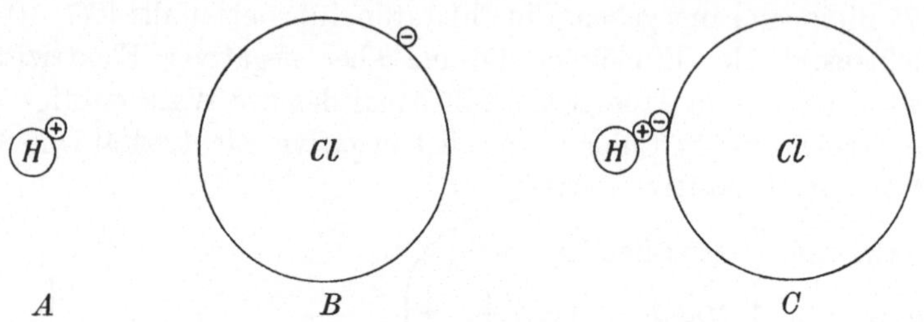

Abb. 16. Vorläufige Vorstellungen nach der Zweistofftheorie von: *A* einem Wasserstoffion, *B* einem Chlorion und *C* einem Chlorwasserstoffmolekül.

sich auf ein Chlorion, ein Wasserstoffion und deren Vereinigung zu einem Molekül bezieht.

Die Elektrizitätsatome unterschieden sich jedoch von den gewöhnlichen Grundstoffatomen sehr wesentlich, unter anderem dadurch, daß sie anscheinend kein selbständiges Leben führen konnten, sondern nur als Begleiter der Grundstoffatome auftraten. Sie mußten offenbar für die Vorstellung wesentlich greifbarer erscheinen, wenn sie zu selbständigem Auftreten zu bringen waren. Daß dies wirklich möglich war, hat man bei Untersuchungen über die Elektrizitätsbewegungen in der Luft entdeckt.

Erscheinungen in Entladungsröhren.

Wir sagten vorher, daß die Luft ein Isolator für die Elektrizität sei, und dies ist unter gewöhnlichen Bedingungen auch der Fall; aber sie kann, wie schon erwähnt, von elektrischen Funken durchbrochen und von dem elektrischen Lichtbogen durchquert werden. Weiter fand man ziemlich frühzeitig, daß verdünnte Luft ganz gut leitete, so daß man einen einigermaßen starken Strom zwischen zwei Metallelektroden hindurchschicken konnte, die sich in einer Glasröhre mit verdünnter Luft befanden und durch in das Glas eingeschmolzene Metalldrähte mit einer äußeren Stromleitungsbahn verbunden waren. Hierbei traten in diesen „Entladungsröhren" oder „Geißlerröhren", wie sie oft nach dem deutschen Glasbläser

Geissler genannt werden, verschiedene bemerkenswerte und
zunächst unverständliche Lichtwirkungen auf. Wenn man aber
die Luftverdünnung sehr weit trieb, z. B. bis zu einem hunderttausendstel Atmosphärendruck oder darunter, so waren starke
elektrische Kräfte (starker elektrischer Spannungsunterschied
zwischen den Elektroden) erforderlich, um eine elektrische Entladung hervorzurufen, und diese nahm dann einen ganz anderen
Charakter an. Im Innern des Glasrohres zeigte sich jetzt fast
gar kein Licht, aber die Glaswand gegenüber der negativen
Elektrode (Kathode) leuchtete mit grünlichem Schein
(fluorescierte).   Brachte
man in das Rohr zwischen
Kathode und Glaswand
eine kleine Metallplatte,
so warf diese einen Schatten auf die Wand, ganz als
ob das Leuchten der letzteren von Strahlen bewirkt
würde, die von der Kathode senkrecht zu deren
Oberfläche ausgingen (siehe

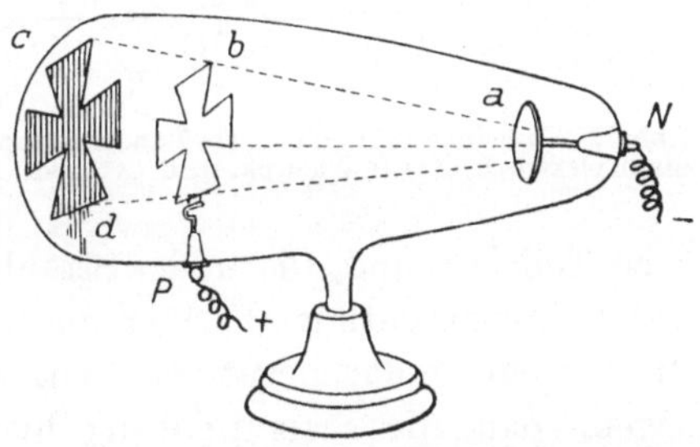

Abb. 17. Entladungsrohr mit Kathodenstrahlen
und einem schattenwerfenden Kreuz. *P* und *N*
Zuleitungsdrähte für den elektrischen Strom.
a Kathode; *b* Anode und Schattenwerfer; *c, d*
Schatten.

Abb. 17). Der englische Physiker Crookes, der als einer der
ersten diese „Kathodenstrahlen“ untersuchte, nahm an, daß
sie nicht, wie die Lichtstrahlen, Ätherwellen seien, sondern aus
kleinen Teilchen beständen, die von der Kathode mit großer
Geschwindigkeit geradlinig ausgeschleudert würden und durch
ihr Aufprallen auf die Wand diese zum Leuchten brächten. Bald
wurde es unzweifelhaft, daß Crookes recht hatte; die Kathodenstrahlen waren offenbar negativ elektrische Teilchen, die durch
Abstoßung von der negativ elektrischen Kathode fortgetrieben
wurden: Eine Metallplatte, die von den Strahlen getroffen
wurde, wurde negativ elektrisch; erzeugt man, wie in Abb. 18
gezeigt, ein schmales Bündel Kathodenstrahlen, indem man die
Strahlen von der Kathode K durch zwei enge Öffnungen s und s_1
hindurchgehen läßt, so kann man zeigen, daß dies Strahlenbündel
sowohl von magnetischen Kräften aus einem in die Nähe des Glasrohres gebrachten Magneten, wie auch von elektrischen Kräften
abgelenkt wird. In der Abb. 18 sieht man eine Ablenkung der letzt-

genannten Art, die dadurch erhalten wird, daß die bei B und C angebrachten Platten positiv bzw. negativ elektrisch gemacht werden; indem B die negativen Teilchen anzieht und C sie abstößt, rückt der von dem Strahlenbündel gegenüber erzeugte Lichtfleck M nach M_1. Die magnetische Ablenkung gehorcht den Örstedschen Regeln für die Wechselwirkung zwischen Strömen und Magneten,

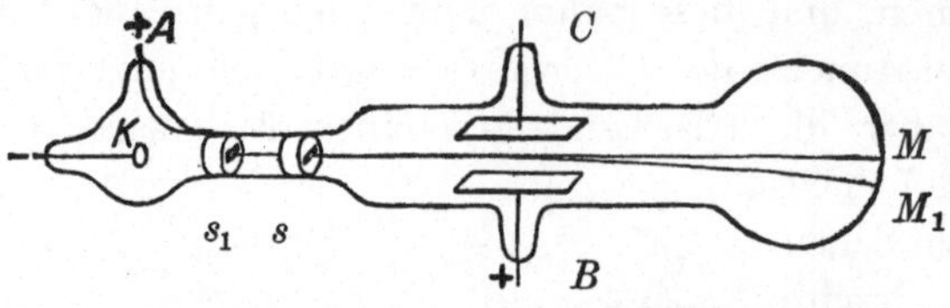

Abb. 18. Entladungsrohr, in dem ein Bündel Kathodenstrahlen durch elektrische Kräfte abgelenkt wird. A Anode, K Kathode.

wenn man das von den bewegten elektrischen Teilchen gebildete Strahlenbündel als einen elektrischen Strom auffaßt. (Da es negativ elektrische Teilchen sind, die in der Strahlrichtung fliegen, und da man unter Stromrichtung herkömmlicherweise die Richtung gegen die Bewegung der negativen Elektrizität versteht, so muß man sagen, daß die Stromrichtung hier der Strahlenrichtung entgegengesetzt ist.)

Durch Messungen der magnetischen und elektrischen Ablenkung kann man einerseits die Geschwindigkeit der Teilchen finden, welche sich nach der elektrischen Spannung an der Kathode richtet, aber immer sehr groß ist, z. B. 50 000 km in 1 Sek. (also $^1/_6$ der Lichtgeschwindigkeit) oder mehr, andererseits das Verhältnis $\dfrac{e}{m}$ zwischen der elektrischen Ladung e der Teilchen und ihrer Masse m.

Man hat nun gefunden, daß $\dfrac{e}{m}$ immer gleich ist, gleichgültig aus welchem Metall die Kathode besteht und welches Gas sich im Rohr befindet; dies deutet darauf, daß die Teilchen nicht Grundstoffatome sind, sondern etwas ganz Neues. Weiterhin findet man, daß $\dfrac{e}{m}$ gegen 2000 mal größer ist als das Verhältnis zwischen der Ladung eines Wasserstoffatoms und seiner Masse bei der Elektrolyse. Wenn man nun annimmt, daß e genau gleich dem elektrischen Elementarquantum $4{,}77 \cdot 10^{-10}$, also gleich der Ladung eines Wasserstoffatoms (hier aber negativ) ist, was später durch Versuche direkterer Art bestätigt wurde, so muß m etwa $^1/_{2000}$ von der Masse des Wasserstoffatoms sein. Diese Untersuchungen, deren

Pioniere KAUFMANN und LENARD in Deutschland, vor allem aber
J. J. THOMSON in England waren, gaben allen Grund, die hier
auftretenden ganz neuen und unbekannten Teilchen als frei bewegte negative Elektrizitätsatome aufzufassen; man hat ihnen den
Namen „Elektronen" gegeben. Nach und nach hat man sie
besser kennen gelernt; so ist es auf verschiedene Weise möglich gewesen, ihre Ladung direkt und unabhängig von ihrer Masse zu
bestimmen. Besonders sind hier die glänzenden Untersuchungen
des Amerikaners MILLIKAN zu erwähnen, die auf der Bewegung sehr
kleiner elektrisierter Öltröpfchen durch Luft, unter dem Einfluß
einer elektrischen Kraft, beruhen. MILLIKAN verdankt man den
oben erwähnten Wert für e, der auf $^1/_{500}$ genau ist. Ebenso wurde
die Masse der Elektronen genauer zu etwa $^1/_{1835}$ der des Wasserstoffatoms bestimmt, und man hat auch auf Grund theoretischer
Betrachtungen ihre ungefähre Größe angeben können: man schätzt
den Radius des Elektrons zu etwa $1{,}5 \cdot 10^{-13}$ cm oder 1,5 millionstel
$\mu\mu$, d. h. zu einer Größenordnung, die etwa 10 000 mal kleiner ist als
die der Moleküle und Atome.

Nachdem man das negative Elektrizitätsatom oder Elementarquantum als Kathodenstrahlteilchen aus dem Atom freigemacht
hatte, lag der Gedanke nahe, daß von der Anode eines Entladungsrohres entsprechende positive elektrische Teilchen ausgingen. Es
gelang denn auch, durch besondere Methoden Strahlen von positiven Teilchen nachzuweisen und zu untersuchen. Um sie von den
negativen Kathodenstrahlteilchen zu trennen, ließ der deutsche
Physiker GOLDSTEIN sie durch einige Kanäle, die durch die Kathode
gebohrt waren, hindurchgehen; man nannte sie daher Kanalstrahlen. Sie waren indessen von ganz anderer Art als die Kathodenstrahlen; die Geschwindigkeit der Teilchen war viel geringer, und

das Verhältnis $\dfrac{e}{m}$ zwischen Ladung und Masse war viel kleiner

und wechselte mit dem Gase, das sich im Rohr befand. Bei Versuchen, wo das Rohr Wasserstoff enthielt, fand man immer Strah-

len, bei denen $\dfrac{e}{m}$ wie bei der Elektrolyse etwa 2000 mal so groß war

wie bei den Kathodenstrahlen, so daß man kaum bezweifeln konnte,
daß man es hier mit freifliegenden geladenen Wasserstoffatomen
(Wasserstoffionen) zu tun hatte. Auch die sonst gefundenen Werte
stimmten dazu, daß die Teilchen Atome (manchmal auch Moleküle)

verschiedener Stoffe sind, deren Ladung ein oder mehrere Male das
elektrische Elementarquantum (4,77·10^{-10} elektrostatische Einheiten) beträgt. Diese Untersuchungen sind besonders von J. J.
Thomson und von W. Wien ausgeführt, und aus ihnen wie auch
aus Versuchen anderer Art geht hervor, daß die positive Elektrizität nicht wie die negative für sich allein auftreten kann, sondern
untrennbar an die Grundstoffatome gebunden ist.

Die Natur der Elektrizität.

Die vorher angedeuteten Vorstellungen von einem oder zwei
Elektrizitätsstoffen erscheinen nunmehr in einem neuen Lichte.
Man wird jetzt auf den Gedanken gebracht, daß das neutrale Atom
aus einer positiven „Hauptmasse" besteht und so vielen negativen
elektrischen Elektronen, daß sie jene neutralisieren. Verliert das
Atom 1, 2 oder 3 Elektronen, so wird es um 1, 2 oder 3 elektrische

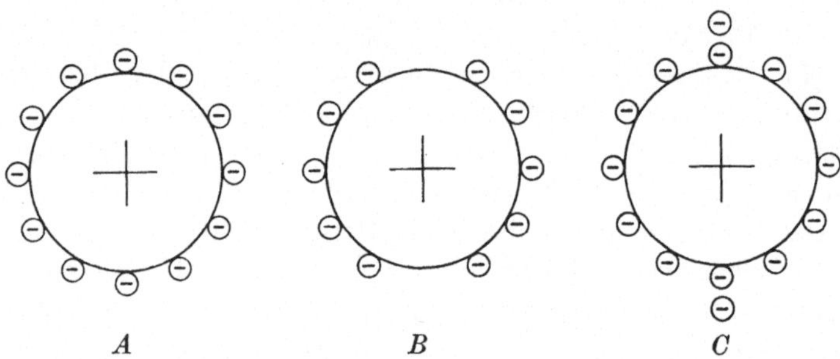

Abb. 19. Vorläufige Vorstellung (nach der „Elektronentheorie") von A einem neutralen Atom,
B demselben Atom mit zwei positiven Ladungen (ein positiv zweiwertiges Ion), C demselben Atom mit zwei negativen Ladungen (ein negativ zweiwertiges Ion).

Elementarquanten oder, wie wir kürzer sagen wollen, um 1, 2 oder
3 „Ladungen" positiv elektrisch. Nimmt es dagegen 1, 2 oder 3
weitere Elektronen auf, so wird es um 1, 2 oder 3 Ladungen negativ
elektrisch. Abb. 19 kann diesen Vorstellungen einen Anhaltspunkt
geben, obschon man sich nicht denken darf, daß die Elektronen
nun gerade auf die angegebene Weise angebracht sind. Die Stoffe,
die bei der Elektrolyse als positiv elektrisch auftreten (Wasserstoff und Metalle), werden dann solche sein, deren Atome leicht ein
oder mehrere Elektronen verlieren, während die elektronegativen
Stoffe leicht Elektronen im Überschuß aufnehmen; und die Stoffe

werden ein- oder zweiwertig sein, je nachdem ihre Atome dazu neigen, ein oder zwei Elektronen abzugeben oder aufzunehmen. Entsprechend der Abgabe oder Aufnahme von Elektronen muß man also auch zwischen positiver und negativer Wertigkeit unterscheiden, eine Unterscheidung, die übrigens schon seit dem Durchdringen der Arrheniusschen Ionenlehre nötig gewesen wäre. Aus den Untersuchungen in Entladungsröhren geht jedoch hervor, daß ein und dieselben Grundstoffatome sich hier in bezug auf Elektronenabgabe oder -aufnahme mannigfacher verhalten können, als man nach der Elektrolyse oder nach den chemischen Valenzverhältnissen erwarten konnte.

Wenn ein elektrischer Strom durch einen Metalldraht fließt, muß man sich denken, daß die Metallatome auf ihrem Platz verbleiben, während die wirksamen elektrischen Kräfte die Elektronen in einer Richtung forttreiben, die der gewöhnlich als Stromrichtung bezeichneten entgegengesetzt ist (vgl. S. 54). Man darf aber diese Elektronenbewegung nicht als ein glattes ungehindertes Strömen auffassen, sondern als Gesamtergebnis eines verwickelten, noch keineswegs vollständig aufgeklärten Wechselspieles, wobei Elektronen sich von Atomen losreißen, von anderen eingefangen werden und zwischen ihnen hin und her fahren, aber so, daß durch jeden Querschnitt des Metalldrahtes dauernd ein Überschuß von Elektronen gegen die sog. Stromrichtung hindurchgeht. Die überschüssige Anzahl von Elektronen, die in jeder Sekunde durch einen Querschnitt des dünnen Metallfadens einer gewöhnlichen 25 kerzigen Glühlampe hindurchgeht, beläuft sich bei einer Gleichstromanlage von 220 Volt auf etwa 1 Trillion, also 1000 Millionen in einer eintausendmillionstel Sekunde. Wenn der metallische Leitungsdraht in der Kathode eines Entladungsrohres endet, so treten die durch den Draht beförderten Elektronen aus der Kathode als Kathodenstrahlen frei in das Rohr aus.

Diese Elektrizitätsbewegung paßt am besten zu dem Gedankengang der Einstofftheorie, indem die Elektronen, die hier allein den Elektrizitätstransport besorgen, als die Grundteilchen des einen Elektrizitätsstoffes aufgefaßt werden können. Mit der Wahl der Bezeichnungen positiv und negativ hat man dann aber Unglück gehabt, da ja gerade die negativ elektrischen Körper einen Überschuß von Elektronen haben; außerdem haben die Elektronen ja Masse. Da aber diese nur $^1/_{1835}$ von der des leichtesten Grundstoffatoms ist, und da außerdem in einer wägbaren Stoffmenge immer nur ein verschwindender Bruchteil elektrischer Atome im Überschuß vorhanden sein kann, so ist es leicht verständlich, daß man den Elektrizitätsstoff früher als gewichtslos ansah.

Bei der Elektrolyse, wo der Elektrizitätstransport von positiven und negativen Ionen besorgt wird, die von den elektrischen Kräften jede in ihrer Richtung geführt werden, können wir dagegen eher an den Gedankengang der Zweistofftheorie anknüpfen. Bei der Elektrizitätsbewegung in der Luft haben wir beide Möglichkeiten nebeneinander, indem der Transport bald überwiegend von Elektronen besorgt wird, bald teils von diesen, teils von größeren positiven oder negativen Ionen, d. h. positiv oder negativ geladenen Atomen oder Molekülen.

Die Lorentzsche Elektronentheorie.

Von dem Gedanken ausgehend, daß die elektrischen und optischen Erscheinungen der Stoffe durch die Wirksamkeit elektrischer Teilchen bestimmt seien, gelang es den theoretischen Physikern — vor allem ist hier der Holländer H. A. Lorentz zu nennen —, eine außerordentlich umfassende „Elektronentheorie" aufzustellen, durch welche die elektrodynamischen Gesetze für die wechselnden Zustände im „Äther" der Lehre von den Ionen und Elektronen angepaßt wurden. Sie muß als eins der schönsten und bedeutendsten Ergebnisse der physikalischen Forschung des 19. Jahrhunderts bezeichnet werden. Es war eine der vielversprechendsten Aufgaben dieser Theorie, die Aussendung von Lichtwellen von seiten des Atoms zu erklären. Aus der im vorigen Abschnitt (S. 36) besprochenen elektromagnetischen Lichttheorie folgt, daß ein Elektron, welches in einem Atom hin und her schwingt, Lichtwellen in den Äther aussenden muß, und die Schwingungszahl ν dieser Wellen muß natürlich gleich sein der Anzahl der Schwingungen, welche das Elektron in der Sekunde ausführt. Bezeichnen wir diese letztere Zahl mit dem griechischen Buchstaben ω, so ist also:

$$\nu = \omega.$$

Man konnte sich nun denken, daß die verschiedenen Elektronen in einem ungestörten Atom sich in einer Ruhelage befanden, welche mit der einer Kugel auf dem Boden einer Schale verglichen werden kann. Wenn das Atom auf irgendeine Weise „geschüttelt"

wurde, so begannen ein oder mehrere Elektronen im Atom um die
Ruhelage mit einer bestimmten Schwingungszahl hin und her zu
schwingen, ebenso wie die Kugel in der Schale hin und her rollen
würde, wenn diese einen Stoß erhielt; dies würde zur Folge haben,
daß das Atom Lichtwellen aussendet, welche für jedes einzelne
Elektron eine bestimmte, der Schwingungszahl dieses Elektrons
entsprechende Wellenlänge haben würde; im Spektrum des ausgesandten Lichtes mußten dann die diesen Wellenlängen entsprechenden Linien auftreten. Eine außerordentlich starke Stütze für
diese Auffassung erhielt man durch die von dem Holländer ZEE-
MAN entdeckte Einwirkung eines magnetischen Feldes auf
Spektrallinien. ZEEMAN fand vor mehr als 25 Jahren, daß wenn
ein leuchtendes Entladungsrohr zwischen die Pole eines starken
Elektromagneten gebracht wurde, die Spektrallinien des ausgesandten Lichtes „aufgespalten" wurden, so daß jede Linie in 3 „Komponenten" mit sehr geringem Abstand zerfiel. Es war nun einer
der größten Triumphe der Elektronentheorie, daß LORENTZ zeigen
konnte, daß eine solche Wirkung tatsächlich zu erwarten war,
wenn man annahm, daß die Lichtschwingungen von kleinen
schwingenden elektrischen Teilchen innerhalb des Atoms hervorgebracht wurden. Die Theorie ermöglichte es ihm, aus den Versuchen und den bekannten Gesetzen für die Wechselwirkung
zwischen einem Magneten und einem elektrischen Strom (hier das
bewegte Elektron), sowohl das Verhältnis $\dfrac{e}{m}$ zwischen der elektrischen Ladung der Teilchen und ihrer Masse, wie auch die Art der
Ladung zu bestimmen. Er konnte aus ZEEMANS Versuchen schließen, daß die Ladung negativ war und das Verhältnis $\dfrac{e}{m}$ ganz gleich
dem bei den Kathodenstrahlen gefundenen. Hiernach konnte nicht
gut ein Zweifel bestehen, daß Elektronen in den Atomen die Erre-
ger des Lichtes waren, das die Spektrallinien bildete. Allerdings
schien es aber ganz unmöglich, mittels der Theorie die Einzelheiten
in einem Spektrum zu erklären, z. B. die durch die Balmerformel
ausgedrückte Regelmäßigkeit abzuleiten oder zu erklären, weshalb
gerade Wasserstoff diese, Kupfer jene Linien gab usw. Diese
Schwierigkeit und besonders die große Linienzahl der einzelnen
Spektren schien darauf zu deuten, daß viele Elektronen in einem

Atom vorhanden seien und der Bau des Atoms ganz außerordentlich verwickelt sein müsse.

Luftionisierung durch Strahlen. Radioaktivität.

Wir sahen oben, daß die Elektronen in einem Entladungsrohr, wenn sie auf dessen Wände auftreffen, diese zu einem grünlichen Leuchten bringen; sie geben außerdem beim Auftreffen auf die Glaswand oder auf ein in dem Rohr angebrachtes Metallstück (Antikathode) Veranlassung zur Aussendung der eigentümlichen, stark durchdringenden Strahlen, die nach ihrem Entdecker Röntgenstrahlen genannt werden und die ultraviolette Strahlen von äußerst kleiner Wellenlänge sind (vgl. S. 45). Wenn Elektronen auf Luftmoleküle im Rohr treffen, schlagen sie diese in Stücke; sie teilen sie in positive und negative Ionen, und die positiven von diesen Ionen sind es, die in den Kanalstrahlen auftreten. Die Ionen können ihrerseits, wenn sie von elektrischen Kräften in Bewegung gesetzt sind, andere Luftmoleküle zerschlagen und so zur Ionisierung beitragen. Gleichzeitig hiermit werden die Atome und Moleküle der Luft zur Aussendung von Ätherschwingungen veranlaßt, und hierdurch kommen die Leuchterscheinungen zustande, die in einem nicht zu stark ausgepumpten Rohr auftreten. Auch die offene Luft kann indessen auf verschiedene Weise ionisiert werden; ihr ionisierter Zustand gibt sich dann dadurch zu erkennen, daß sie mehr oder weniger leitend geworden ist: indem nämlich die positiven und negativen Luftionen von den elektrischen Kräften durch die Luft getrieben werden, transportieren sie Elektrizität durch diese hindurch. Indessen verliert die Luft ihre Leitfähigkeit allmählich, wenn der Ionisierungsvorgang nicht dauernd erneuert wird, weil die positiven und negativen Teile sich wieder miteinander vereinigen. Hierin besteht ein großer Unterschied gegen die Leitfähigkeit von Elektrolytlösungen. Eine Ionisierung der Luft kann unter anderem schon durch Flammen hervorgebracht werden, denn die aus diesen aufsteigende Luft enthält Ionen. Eine kräftige Luftionisierung kann unter anderem durch Röntgenstrahlen bewirkt werden; in den höheren Luftschichten wirken die ultravioletten Sonnenstrahlen ionisierend. Vor allem aber wird die Luft ionisiert durch Strahlen aus den radioaktiven Stoffen, die in äußerst kleinen Mengen sich auf der Erde verteilt finden.

Die eigenartige Strahlung aus diesen Stoffen wurde in den 90er Jahren von dem Franzosen BECQUEREL entdeckt und bald darauf näher untersucht von dem Ehepaar CURIE, die aus dem uranhaltigen radioaktiven (d. h. strahlungswirksamen) Mineral Pechblende den viel stärker radioaktiven Stoff R a d i u m isolierten. Die eigentliche Natur der Strahlen wurde später durch die Engländer RUTHERFORD, SODDY und RAMSAY aufgeklärt. Diese Strahlen, welche sowohl Lichtwirkungen, photographische Wirkungen wie Luftionisierung bewirken können, bestehen aus drei ganz verschiedenen Arten, die als α-Strahlen, β-Strahlen und γ-Strahlen bezeichnet werden. Die letzteren sind ebenso wie die Röntgenstrahlen ultraviolette Strahlen, haben aber meistens noch geringere Wellenlänge und sind noch durchdringender als jene. Die β-Strahlen sind Elektronen, die sich mit einer noch viel größeren Geschwindigkeit als in den Kathodenstrahlen bewegen; ihre Geschwindigkeit kann in einigen Fällen 99,8% der Lichtgeschwindigkeit erreichen. Die α-Strahlen endlich sind positive Atomionen, die sich mit einer Geschwindigkeit bewegen, welche je nach dem aussendenden radioaktiven Stoffe zwischen $^1/_{22}$ und $^1/_{13}$ der Lichtgeschwindigkeit schwankt; es ist ferner erwiesen, daß die α-Partikelchen Atome des Grundstoffes Helium sind, der das Atomgewicht 4 hat, und daß sie 2 positive Ladungen haben, d. h. daß sie 2 Elektronen aufnehmen müssen, um ein neutrales Heliumatom zu bilden.

Es steht nun außer jedem Zweifel, daß der Vorgang bei der Strahlung der radioaktiven Stoffe eine Grundstoffverwandlung ist, eine Art Explosion von Grundstoffatomen unter Aussendung von Heliumatomen oder Elektronen und Bildung von neuen Grundstoffatomen, und daß die Energie der Strahlen innere Atomenergie ist, die bei diesen Umwandlungen frei wird. Der Grundstoff Uran, der das größte aller bekannten Atomgewichte hat (238), verwandelt sich über mehrere Zwischenglieder in Radium mit dem Atomgewicht 226, und aus Radium entsteht wieder über eine Reihe von Zwischengliedern schließlich Blei oder jedenfalls ein Stoff, der in allen chemischen Eigenschaften sich wie Blei verhält. Wir können hier nicht näher auf diese Dinge eingehen, sondern nur bemerken, daß die Umwandlungen ganz unabhängig sind von dem chemischen Verbindungszustand der radioaktiven Atome und von allen äußeren Beeinflussungen.

Wenn α-Teilchen aus Radium auf einen Schirm mit einer Schicht von besonders präpariertem Zinksulfid auftreffen, so kann man auf diesem Schirm im Dunkeln eine eigenartige Lichterscheinung wahrnehmen, die sog. „Scintillation", welche aus einer Menge kurzer Lichtblitze besteht. Jeder einzelne Lichtblitz gibt an, daß ein α-Teilchen, also ein geladenes Heliumatom, den Schirm getroffen hat. Bei diesem „Atombombardement" werden also die einzelnen „Atomprojektile" auf ähnliche Weise sichtbar wie die einzelnen Regentropfen, die auf eine Wasserfläche fallen, durch die Wellenringe sichtbar werden, die sich von der Auftreffstelle ausbreiten. Diese Lichtblitze waren die ersten der Beobachtung zugänglichen Wirkungen von einzelnen Atomen. Die Unglaublichkeit des Gedankens, daß etwas so kleines wie ein Atom eine sichtbare Wirkung hervorbringen könne, wird vermindert, wenn man, anstatt bloß an die geringe Größe oder Masse des Atoms zu denken, seine Bewegungsenergie ins Auge faßt; diese wächst nämlich proportional mit dem Quadrat der Geschwindigkeit, welche hier überwältigend groß ist. Für die schnellsten α-Teilchen ist die Geschwindigkeit $2{,}26 \cdot 10^9$ cm in 1 Sek., und ihre Bewegungsenergie wird dadurch etwa $^1/_{30}$ von der, die eine Stoffmenge von 1 mg bei einer Geschwindigkeit von 1 cm in der Sek. besitzt. Das ist freilich recht wenig, aber doch keine Größe von „unfaßbarer Kleinheit", und genügt also, um unter den genannten Umständen eine sichtbare Lichtwirkung hervorzurufen; man muß hierbei auch bedenken, daß das Auge außerordentlich empfindlich ist.

Praktischere Methoden, die Wirkungen einzelner α-Teilchen sichtbar zu machen und damit diese zu zählen, gründen sich auf ihre außerordentlich starke ionisierende Kraft. Durch Verstärkung der von α-Teilchen hervorgebrachten Ionisierung nach besonderen Methoden konnten RUTHERFORD und GEIGER Luft in einer sog. Ionisierungskammer durch ein einzelnes α-Teilchen so stark leitend machen, daß ein Ausschlag in einem elektrischen Apparat, einem Elektrometer, entstand. Auf direktere Weise hat der Engländer C. T. R. WILSON die Bahn der α-Teilchen sichtbar gemacht, indem er die Eigenschaft der Ionen benutzte, in feuchter Luft die unelektrischen Wassermolekeln anzuziehen, wodurch Wassertröpfchen mit dem Ion als Kern entstehen können. In vollständig staub-

und ionenfreier Luft kondensiert sich der Wasserdampf nicht, selbst wenn dies nach seinem Partialdruck zu erwarten wäre. Wenn aber Luft, welche bei Erniedrigung der Temperatur so mit Wasserdampf „übersättigt" ist, plötzlich ionisiert wird, so bildet sich Nebel; indem nun WILSON α-Teilchen durch mit Wasserdampf

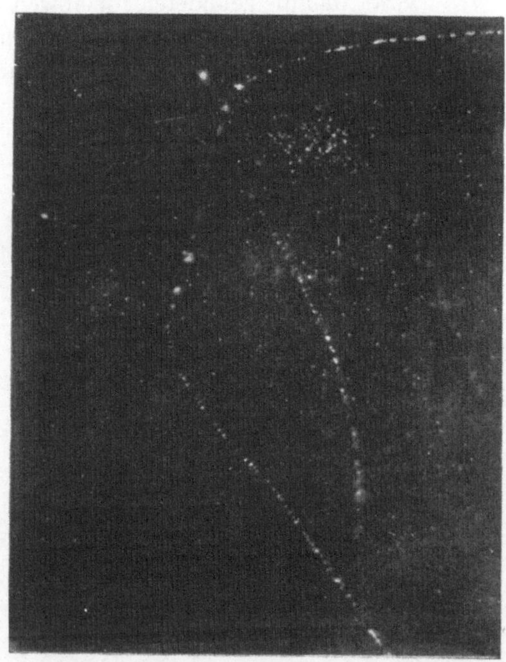

Abb. 20. Photographie von Bahnen von α-Teilchen (positive Heliumionen), die von einem radioaktiven Stoff ausgesandt werden.

Abb. 21. Photographie der Bahn eines β-Teilchens (eines Elektrons).

(Abb. 20 und 21 nach C. T. R. WILSON.)

übersättigte Luft hindurchschickte, verdichtete sich der Dampf um die von den Teilchen gebildeten Ionen zu kleinen Tröpfchen, und die so auftretenden Nebelstreifen konnten photographiert werden. Abb. 20 gibt eine solche Photographie einer Anzahl von Atombahnen wieder. Wenn die Nebelstreifen plötzlich enden, bedeutet dies jedoch nicht, daß das α-Teilchen plötzlich stillsteht; es hat aber so viel an Geschwindigkeit eingebüßt, daß es nunmehr aus den Luftmolekülen 2 Elektronen aufgenommen und damit seine Ladung verloren hat, so daß es nun nicht mehr Luftmoleküle unter Bildung von Ionen zerschlagen kann.

Selbst die Bahn von β-Teilchen hat man auf diese Weise photographieren können, obschon dies Elektronen sind mit einer etwa 7000 mal kleineren Masse als die der Heliumatome, dafür aber von viel größerer Geschwindigkeit; diese große Geschwindigkeit bewirkt, daß die gebildeten Ionen weit voneinander entfernt sind, so daß die Wassertröpfchen um die einzelnen Ionen auf der Photographie einzeln hervortreten können (auf Abb. 21).

Viertes Kapitel

Das Atom als Planetensystem.

Einleitung.

Wir sind nunmehr an die großen und tiefgehenden, bisher nur oberflächlich berührten Fragen nach dem Aufbau und der Wirkungsweise des „Atommechanismus" selber gelangt. Die erste Frage ist: Wie ist die „Architektur" des Atoms, d. h. welche Stellung nehmen die positiven und negativen Teile des Atoms zueinander ein, und wie viele sind von jeder Art vorhanden? Noch tiefer geht die zweite Frage: Welcherart sind die Prozesse, die in einem Atom vor sich gehen, und wie können wir mit ihnen die physikalischen und chemischen Eigenschaften der Grundstoffe erklären? In diesem Kapitel wollen wir uns im wesentlichen an die erste Frage halten.

Die ersten wichtigen Beiträge zu ihrer Lösung verdanken wir den schönen experimentellen Untersuchungen von LENARD in Heidelberg. Dieser Forscher untersuchte schon vor mehr als 20 Jahren sehr genau die Abbremsung, welche Kathodenstrahlen erfahren, wenn sie durch Gase oder feste Stoffe hindurchgehen. Fallen z. B. Kathodenstrahlen auf eine dünne Metallplatte, so zeigen die Versuche, daß, wenn die Platte hinreichend dünn ist, ein großer Teil der Elektronen durch sie hindurchgehen und sie auf der anderen Seite verlassen kann, ohne einen größeren Geschwindigkeitsverlust oder eine größere Richtungsänderung zu erleiden. LENARD konnte hieraus schließen, daß die materiellen Atome sich gegenüber schnell bewegten elektrischen Teilchen als sehr poröse Gebilde verhalten mußten, und dies stand in schöner Übereinstimmung mit der Auffassung, daß die Elektronen selber, von denen ja eine Anzahl auch in den Atomen zugegen sein mußte, im Verhältnis zu der Ausdehnung der Atome sehr klein seien. Eindeutige Aufschlüsse darüber, wie es mit der positiven Elektrizität in den Atomen bestellt ist, waren aus diesen Versuchen nicht zu entnehmen; so waren sie z. B. nicht geeignet, zu entscheiden, ob die positive Elektrizität der Atome in dem Zwischenraume zwischen den Elektronen der Atome mehr oder weniger gleichmäßig verteilt war, oder ob sie, ähnlich wie die negative Elektrizität der Elektronen, in kleinen Teilchen konzentriert war. Wir wollen nunmehr besonders den grundlegenden Beitrag betrachten, den RUTHERFORD 1911 zur Beantwortung der ersten unserer beiden Fragen, nämlich der nach der Architektur des Atoms, geliefert hat, und zwar durch die Entdeckung des positiven Atomkernes und die Aufstellung des sog. Rutherfordschen Atommodells oder „Kernatoms".

Das Rutherfordsche Atommodell.

Rutherford kam zu der genannten Entdeckung durch Versuche, die im wesentlichen folgendermaßen angeordnet waren: Aus einem kräftigen Radiumpräparat wurde ein dichter Strom von α-Teilchen durch eine kleine Öffnung in einen fast luftleeren Raum geschickt; auf einem Zinksulfidschirm ein wenig hinter der Öffnung bildete sich bei diesem Bombardement von Atomprojektilen ein kleiner, scharf begrenzter Lichtfleck. Darauf wurde das Loch mit einem dünnen Metallblättchen bedeckt; wir können dies als einen Panzer aus dicht gepackten Atomen bezeichnen. Die ausgeschossenen α-Teilchen gehen leicht durch diesen Panzer hindurch, indem sie mit ihrer großen Geschwindigkeit mitten durch die Atome hindurchfliegen; aber man kann beobachten, daß der Lichtfleck sich ein wenig ausbreitet und nicht mehr scharf begrenzt ist. Aus dieser Verwischung kann man schließen, daß die α-Teilchen beim Durchgang durch die vielen Metallatome zahlreiche, ganz kleine Ablenkungen erfahren, welche aber, da sie bald in der einen, bald in der anderen Richtung erfolgen, nur eine geringe Streuung der Strahlen bewirken. Es ließ sich aber zeigen, daß einige, ganz vereinzelte α-Teilchen gänzlich aus dem Schwarm ausbrachen und in ganz neuer Richtung fortflogen, ja sogar aus dem Metallblatt in rückwärtigen Richtungen austraten (vgl. Abb. 22). Die Sache lag etwa so, als ob man eine Menge kleiner Kugeln in eine Wand aus Butter geschossen hätte, und die Kugeln fast alle in nahezu unveränderter Richtung durch die Wand hindurchgegangen wären, aber ab und zu eine einzelne, anscheinend unmotiviert, aus dem Innern der Butter zurückgeflogen wäre. Man würde dann natürlich folgern, daß in

der Butter hier und da kleine harte und schwere Gegenstände ein-
gebettet seien, z. B. kleine Kugeln, auf die einzelne der Projektile
zufällig gestoßen seien. Demnach mußten auch in dem Metall-
blatte derartige kleine harte Dinger vorhanden sein. Die Elektronen des Metallatoms konnten es offenbar nicht sein; denn die
α-Teilchen sind, wie früher erwähnt, Heliumatome mit einer 7000-
mal größeren Masse als die des Elektrons, und wenn ein solches
Atom auf ein Elektron aufstieße, so würde es dieses zur Seite schleu-
dern, ohne selbst nennenswert abgelenkt zu werden. Es blieb daher
kaum eine andere Möglichkeit übrig, als daß die stark abgelenkten

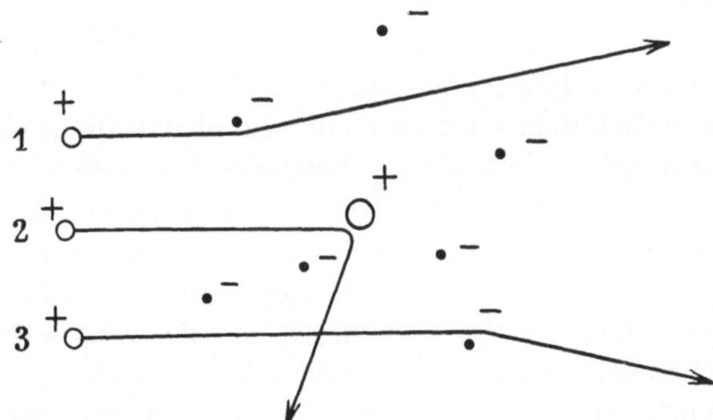

Abb. 22. Bahnen von α-Teilchen im Innern von Materie. Während *1* und *3* nur kleine
Ablenkungen durch Zusammenstoß mit Elektronen erleiden, wird *2* von einem positiven
Kern scharf abgelenkt.

α-Teilchen auf den positiven Teil der Atome gestoßen waren,
dessen Masse im Vergleich zu der des Heliumatoms erheblich ist
(vgl. Abb. 22). Aus einer mathematischen Berechnung folgte, daß
die großen Ablenkungen dadurch zustande kamen, daß die betreffenden α-Teilchen auf ihrem Wege ein ungeheuer starkes elektrisches
Feld passiert hatten von solcher Art, wie es in der Umgebung einer
elektrischen Ladung auftritt, wenn diese auf einen über alle
Maßen kleinen Raum konzentriert ist und auf andere Ladungen
nach dem Coulombschen Gesetze wirkt (vgl. S. 54). Wenn wir im
vorhergehenden von „Zusammenstößen" sprachen, so müssen wir
dieses Wort nicht grob äußerlich so auffassen, als ob das α-Teilchen
und der positive Atomteil, auf den es auftrifft, elastische Kugeln
seien, die miteinander in Berührung kommen. Was vor sich geht,
ist vielmehr, daß die beiden Teilchen einander so nahe kommen,
daß die elektrischen Kräfte sehr groß werden und eine bedeutende

Ablenkung des α-Teilchens aus seiner ursprünglichen Bahn bewirken.

RUTHERFORD kam so zu der Annahme, daß fast die ganze Masse des Atoms in einem positiv elektrischen „Kern" vereinigt ist, welcher, ebenso wie die Elektronen, im Verhältnis zur Ausdehnung des ganzen Atoms sehr klein ist; während der Rest der Masse auf eine Anzahl negativer Elektronen verteilt ist, die, wie man annehmen mußte, um den Kern kreisen und durch dessen Anziehung festgehalten werden, ebenso wie die Planeten um die Sonne kreisen. Die äußeren Grenzen des Atoms mußten zusammenfallen mit den Bahnen der äußersten Elektronen. Bei einem Atom von diesem Bau wird es verständlich, daß die α-Teilchen im allgemeinen durch die Atome hindurchfliegen können, ohne durch die Abstoßung des Kerns wesentlich abgelenkt zu werden, und daß die großen Ablenkungen so selten sind, wie die Versuche sie erwiesen. Dagegen sind diese Versuche in keiner Weise mit einem Atommodell zu vereinigen, welches früher von LORD KELVIN aufgestellt und später von J. J. THOMSON näher behandelt wurde, und bei dem angenommen wurde, daß die positive Elektrizität über den ganzen Raum des Atoms gleichmäßig verteilt sei, während die Elektronen, auf Ringe mit größerem oder kleinerem Abstand vom Zentrum des Atoms verteilt, innerhalb dieses Raumes kreisen sollten.

Dieselben eigentümlichen Verhältnisse beim Durchgang von α-Strahlen durch eine Stoffschicht, wie sie durch RUTHERFORDS Versuche offenbar wurden, treten in noch anschaulicherer Weise bei WILSONS auf S. 69 besprochenen Versuchen und Photographien hervor. Auf diesen kann man geradezu sehen, daß einzelne α-Teilchen plötzlich jäh von ihrer Bahn abweichen. Auf der Photographie in Abb. 23, welche die Bahn zweier α-Teilchen in mit Wasserdampf

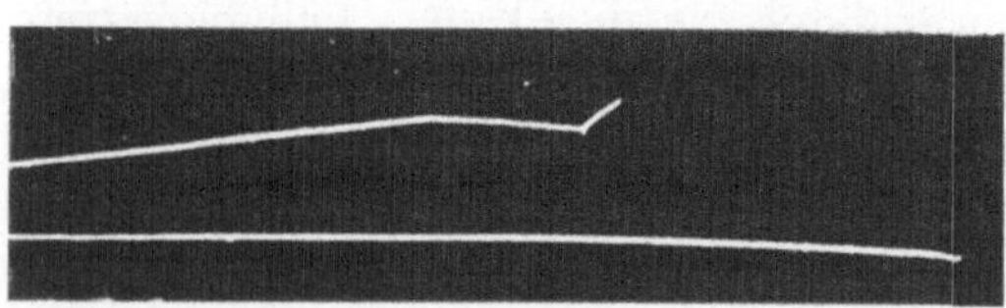

Abb. 23. Photographie der Bahn zweier α-Teilchen (positiver Heliumatome). Das eine stößt auf einen Atomkern.

übersättigter Luft zeigt, ist die untere dieser Bahnen fast geradlinig, aber doch mit einer ganz schwachen Krümmung. Das andere Teilchen zeigt zunächst eine recht ansehnliche Ablenkung an einer bestimmten Stelle, wo es also schon recht nahe an den Kern eines

Atoms der Luft herangekommen sein muß, und etwas später einen ganz scharfen Knick; hier ist es offenbar ganz in die Nähe eines Atomkernes geraten. Sieht man genauer zu, so findet man, jedenfalls auf dem Originalbilde, an der Knickstelle eine ganz kleine Gabelung. Die Bahn scheint sich in zwei Äste geteilt zu haben, einen kürzeren und einen längeren; diese Zweiteilung führt auf sehr direkte Weise vor Augen, daß es sich um einen Zusammenstoß zwischen z w e i Teilchen handelt, die nach dem Stoß jedes in einer anderen Richtung davonfliegen. Bei unserem Vergleich mit dem Bombardement auf die Butterwand würde dies bedeuten, daß zwei Kugeln aus der Butter herausfahren, jede in einer anderen Richtung, obschon man nur eine in die Butter hineingeschossen hat. Der Unterschied zwischen der Länge der beiden Zweige, den man auf der Photographie sieht, hängt damit zusammen, daß die zusammenstoßenden Teilchen verschiedene Masse haben; bei dem photographierten Versuch hat das α-Teilchen einen schwereren Atomkern getroffen, der nur sehr geringe Geschwindigkeit erhält und daher seine ionisierende Kraft schnell verliert. Wäre das Gas Wasserstoff gewesen, so hätte der Kern, der von dem α-Teilchen getroffen wird, größere Geschwindigkeit als dieses erhalten können, da das Gewicht des Wasserstoffatoms nur $^1/_4$ von dem des Heliumatoms ist.

Die Stoßversuche, auf die RUTHERFORDS Theorie sich stützt, sind von so direkter und entscheidender Art, daß man es kaum noch als eine Theorie, sondern eher als eine durch Beobachtung erwiesene Tatsache bezeichnen kann, daß das Atom auf die angegebene Weise gebaut ist. Fortgesetzte Versuche haben eine Reihe näherer Aufschlüsse über wichtige Einzelheiten bei dem Atom ergeben; so konnte RUTHERFORD zeigen, daß der Radius der Kerne im allgemeinen von der Größenordnung 10^{-12} bis 10^{-13} cm, d. h. 1 hunderttausendstel bis 1 millionstel $\mu\mu$ ist; dies bedeutet folgendes: Erst wenn ein α-Teilchen sich auf seinem Wege bis auf einen Abstand von 10^{-12} bis 10^{-13} cm dem Zentrum eines Kernes nähert, treten Kraftwirkungen auf, welche (im Gegensatz zu dem, was sonst, auch bei den großen Ablenkungen, immer noch der Fall ist) nicht mehr dem Coulombschen Gesetz für die Abstoßung zwischen punktförmigen positiven Elektrizitätsmengen gehorchen. Wir wollen jedoch bemerken, daß bei den Wasserstoffkernen, deren Größe nicht auf direktem Wege durch Stoßversuche bestimmt ist, gewisse theoretische Gründe für die Annahme bestehen, daß sie noch viele Male kleiner sind als die genannten Größen, und also auch viele Male kleiner als die an Masse ·etwa 2000 mal leichteren Elektronen.

Kernladung, Atomnummer und Atomgewicht.

Die Masse oder das Gewicht der verschiedenen Atomkerne brauchen wir nicht durch neue Versuche zu ermitteln; denn sie ist praktisch gleich dem Gewicht des ganzen Atoms, also, wenn das Gewicht des Wasserstoffes als Einheit gewählt wird, gleich dem relativen Atomgewicht; denn die Genauigkeit, mit der man die Atomgewichte bestimmen kann, ist nicht groß genug, als daß das Gewicht der Elektronen sich geltend machen könnte.

Dagegen war es eine neue Aufgabe von allergrößter Bedeutung, die Größe der positiven Ladung der Kerne zu bestimmen. Sie mußte notwendigerweise eine ganze Anzahl von elektrischen Elementarquanten $(4{,}77 \cdot 10^{-10})$ sein oder — wenn wir dieses einfach als „eine Ladung" bezeichnen — eine ganze Zahl von Ladungen; denn anderenfalls konnte aus dem Kern nicht durch Elektronen ein neutrales Atom gebildet werden. In einem neutralen Atom muß nämlich die Anzahl der (negativen) Elektronen, die um den Kern kreisen, genau gleich der Anzahl der positiven Ladungen des Kernes sein. Die Bestimmung dieser Zahl war also gleichbedeutend mit der Beantwortung der wichtigen Frage, wie viele Elektronen ein bestimmtes Grundstoffatom in dem um den Kern kreisenden Elektronensystem besaß, wenn das Atom sich im normalen, neutralen Zustande befand.

Am leichtesten war die Antwort auf diese Frage für das Heliumatom. Wenn dieses als α-Partikelchen davonfliegt, so hat es nämlich, wie seinerzeit von RUTHERFORD bewiesen wurde, 2 positive Ladungen, d. h. es gehören 2 Elektronen dazu, um es aus dem positiven Ion in ein neutrales Atom zu verwandeln. Es besteht nun aber aller Grund, das α-Teilchen als einen von jeder Elektronenhülle befreiten Heliumkern zu betrachten. Das Elektronensystem des neutralen Heliumatoms besteht also nur aus 2 Elektronen. Da das Atomgewicht 4 ist, ist also die Elektronenanzahl hier gleich dem halben Atomgewicht. Aber schon bei seinen Versuchen über die Ablenkung von α-Teilchen beim Durchgang durch feste Stoffe

hatte RUTHERFORD gefunden, daß auch bei anderen Grundstoffen
wenigstens angenähert die Regel gilt, daß die Kernladungszahl
und demnach die Elektronenzahl gleich der Hälfte des Atom-
gewichtes ist. Jedoch muß der Wasserstoff notwendigerweise eine
Ausnahme bilden; denn sein Atomgewicht ist ja 1; die positive
Ladung des Wasserstoffkerns ist ein Elementarquantum, und um den Kern kreist im neutralen Zustande des
Atoms nur ein Elektron. Abb. 24 kann den Bau des Wasserstoffatoms und den von Wasserstoffionen, die durch Verlust oder
Hinzufügung von Elektronen entstehen, veranschaulichen. Die

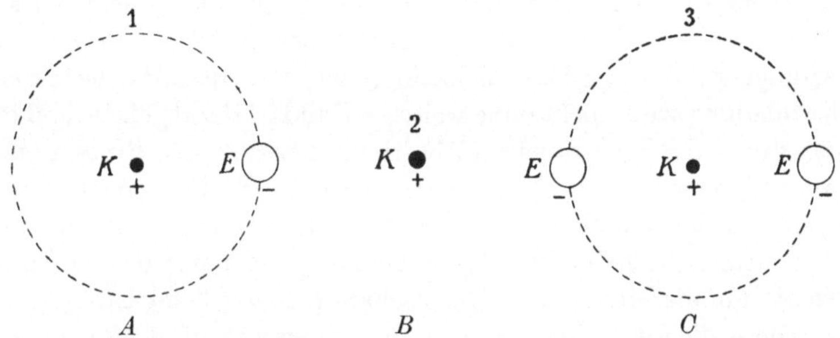

Abb. 24. Schematische Darstellung des Kernatoms. *A* ein neutrales Wasserstoffatom,
B ein positives und *C* ein negatives Wasserstoffion. *K* Atomkern, *E* Elektronen.

Anbringung der Elektronen ist jedoch willkürlich, und die Bahn
ist nur der Einfachheit halber als Kreis gezeichnet.

Wie angedeutet, war RUTHERFORDS Regel für die Elektronenzahl nur eine Annäherung. Ein Holländer, VAN DEN BROEK, sprach
nun den Gedanken aus, daß die Elektronenzahl eines Grundstoffes gleich seiner Ordnungszahl oder Nummer im
periodischen System (seiner Atomnummer) ist. Und dies
hat sich als die richtige Regel erwiesen. In systematischen Untersuchungen über die charakteristischen Röntgenspektren der Grundstoffe hat man ein sicheres Mittel gefunden, die Ordnungszahl für
jeden Grundstoff zu bestimmen und allen ihren richtigen Platz im
System anzuweisen (vgl. Tab. S. 17). Unter Benutzung der Bragg-
schen Methode zur Röntgenspektroskopie (vgl. S. 46) entdeckte
nämlich der Engländer MOSELEY 1914, daß die Röntgenspektren
der Elemente eine besonders einfache, mit der Ordnungszahl sich
regelmäßig verschiebende Struktur besitzen. Aus der, ein Jahr
vorher aufgestellten, Bohrschen Theorie folgte anderseits, daß

diese Ordnungszahl, die das Röntgenspektrum bestimmte, identisch sein mußte mit der positiven Ladungszahl des Kernes.

Die Zahl also, welche früher nur schlecht und recht die Nummer
eines Elementes im periodischen System angab, hat jetzt eine
tiefe physikalische Bedeutung erhalten. Das Atomgewicht selbst,
welches bei der Aufstellung des Systems von so großem Nutzen war,
hat jetzt sozusagen nur noch sekundäre Bedeutung. Die auf S. 18
besprochene Vertauschung der Stoffe Argon und Kalium, welche,
solange man sich an das Atomgewicht hielt, eine Ausnahme von
der schönen Regelmäßigkeit schien, erklärt sich aus der van den
Broekschen Regel dadurch, daß Kalium ein Elektron mehr hat als
Argon, obschon dessen Atomgewicht größer ist. Man sieht so, daß
Atomgewicht und Elektronenzahl (oder, was dasselbe bedeutet,
Kernladungszahl) nicht ohne weiteres Hand in Hand gehen; und da
das durch die Elektronenzahl bestimmte periodische System eine
Anordnung nach den Eigenschaften der Stoffe bedeutet, besonders nach den chemischen, so kommt man von selbst auf die
Vermutung, daß die Elektronenzahl, und nicht das Atomgewicht, für die chemischen Eigenschaften maßgebend ist.

Die Auffassung, daß es die Atomnummer ist, auf die es in erster
Linie ankommt, und daß das Atomgewicht nur von sekundärer
Bedeutung ist, hat in den folgenden Jahren eine überzeugende
Stütze erhalten durch Untersuchungen, die vor allem FAJANS und
SODDY zu verdanken sind, und die die Existenz von sog. isotopen
Grundstoffen (*isos* gleich und *topos* Platz) erwiesen, d. h. von
Stoffen mit verschiedenem Atomgewicht (d. h. Kernmasse), aber
gleicher Kernladungszahl, Elektronenzahl und demnach gleicher
Platznummer im periodischen System; zwei solche isotope
Stoffe stimmen sowohl in ihren chemischen Eigenschaften wie
auch in den allermeisten physikalischen praktisch vollständig
überein. Eines der ersten Beispiele für isotope Stoffe war das
gewöhnliche Blei mit dem Atomgewicht 207,2 und ein in der
Pechblende gefundener Stoff, dessen Atomgewicht 206 ist, der
aber im übrigen mit Blei identisch ist, und der das auf Seite 67
genannte Endprodukt der radioaktiven Umwandlung ist.

Durch Untersuchungen von Kanalstrahlen hat besonders der
Engländer ASTON in den allerletzten Jahren gezeigt, daß viele
Stoffe, die man immer für einfache Grundstoffe gehalten hat, in
Wirklichkeit Gemische von Isotopen darstellen. Das Atomgewicht

des Chlors wird auf chemischem Wege zu 35,5 gefunden; in einem
Entladungsrohr dagegen treten 2 Arten von Chloratomen auf mit
dem Atomgewicht 35 und 37, und man muß annehmen, daß diese
beiden Arten von Chloratomen in allen Chlorverbindungen, mit
denen wir es hier auf der Erde zu tun haben, im Verhältnis von
etwa 3 : 1 nebeneinander vorhanden sind. Solche Gemische in ihre
Bestandteile zu zerlegen, ist äußerst schwierig, weil diese ganz dieselben Eigenschaften haben, mit Ausnahme geringer Unterschiede
in der Dichte und in anderen Eigenschaften, die in direktem Zusammenhang mit dem Atomgewicht stehen. Eine solche Trennung
wurde zum ersten Male von dem Dänen Brønsted gemeinsam mit
dem Ungarn Hevesy ausgeführt, indem diese im Jahre 1920 eine
große Menge Quecksilber, dessen Dichte bei $0°$ gleich 13,5955 ist,
in zwei Teile mit etwas verschiedener Dichte zerlegten. Die verschiedenen Isotopen, von denen das gewöhnliche Quecksilber ein
Gemisch ist, waren hier jedoch nicht ganz getrennt, sondern sie
waren nur in jedem der beiden Teile in etwas verschiedenem
Gewichtsverhältnis vorhanden; bei einem der ersten Versuche war
die Dichte des einen Teiles 13,5986 und die des anderen 13,5920
bei $0°$.

Daß es das Elektronensystem ist, welches für die „äußeren"
Eigenschaften eines Grundstoffes maßgebend ist, d. h. für alle
Eigenschaften, die auf Wechselwirkungen zwischen Atomen
beruhen, ist an und für sich naheliegend, da das Elektronensystem,
welches in großem Abstande den Kern umgibt, diesen sozusagen
von der Umwelt abschließt und demnach als das Organ betrachtet
werden kann, durch welches das Atom mit der Umwelt in Verbindung steht. Man mußte gleichzeitig erwarten, daß der Bau des
Elektronensystems ausschließlich von der Kernladung und demnach von der Elektronenzahl abhängen würde, nicht dagegen von
der Masse des Kernes, da es die elektrische Anziehung des Kernes
ist und nicht die im Verhältnis dazu völlig verschwindende New-
tonsche Massenanziehung, welche die Elektronen in ihren Bahnen
hält.

Hierdurch wird es verständlich, daß die Eigenschaften der
Atome und demnach der Grundstoffe in zwei scharf getrennte
Gruppen zerfallen, nämlich erstens Kerneigenschaften und
zweitens Eigenschaften des Elektronensystems. Es war
Niels Bohr, der zuerst diese scharfe Trennung erkannte, eine

Erkenntnis, die für jedes tiefere Eindringen in das Wesen des Atoms von fundamentaler Bedeutung ist.

Die Kerneigenschaften sind maßgebend für: a) die radioaktiven Prozesse, die auf einer Art Explosion von Atomkernen beruhen; und gegebenenfalls andere, verwandte Vorgänge; b) Zusammenstöße, bei denen die Kerne einander besonders nahe kommen, und ähnliches; c) Gewichtsverhältnisse, die in direktem Zusammenhang mit dem Atomgewicht stehen.

Die Eigenschaften des Elektronensystems dagegen sind für das gesamte übrige physikalische und chemische Wirken maßgebend, und sie hängen, wie erwähnt, ausschließlich von der Atomnummer des betreffenden Stoffes ab oder sind, wie man sagt, eine Funktion dieser Nummer. Wir können sagen, daß Bohr bei seiner Atomtheorie sich die Aufgabe stellte, aus der Atomnummer eines Stoffes dessen sämtliche physikalischen und chemischen Eigenschaften abzuleiten mit Ausnahme der oben erwähnten Kerneigenschaften. Es ist daher im wesentlichen das Elektronensystem, mit dem wir es in den folgenden Abschnitten zu tun haben; aber bevor wir zu diesem Gegenstande übergehen, für den alles Bisherige nur eine Vorbereitung war, wollen wir doch noch ein wenig bei dem Atomkern verweilen.

Der Bau der Atomkerne.

Daß ein Atomkern kein unzusammengesetzter Elementarteil ist, sondern ein System von Teilen, geht ohne weiteres aus den radioaktiven Prozessen hervor, bei welchen aus dem Atomkern der radioaktiven Stoffe entweder positive Heliumkerne (α-Teilchen) oder negative Elektronen (β-Teilchen) ausgeschleudert werden. Daß nicht nur die α-Teilchen, sondern auch die β-Teilchen aus den Kernen kommen, hat wohl Bohr als erster eingesehen. Heute kann darüber kein Zweifel bestehen, und außer den Elektronen des äußeren Systems, die allein gemeint sind, wenn wir von der Elektronenzahl eines Atoms sprechen, müssen also, jedenfalls bei den Atomen der radioaktiven Stoffe, noch besondere „Kernelektronen" vorhanden sein, welche ein mehr verborgenes Dasein im Innern der Kerne führen. Man versteht ohne weiteres, daß bei den radioaktiven Prozessen leicht Isotope auftreten können; wenn z. B. ein Atomkern zuerst ein α-Teilchen, also einen Heliumkern mit 2 po-

sitiven Ladungen, aussendet und dann unter zwei neuen Umwandlungen 2 Elektronen mit je einer negativen Ladung, so wird
die Kernladung des entstandenen neuen Atoms der des ursprünglichen gleich sein (weil der Verlust von 2 positiven und 2 negativen
Ladungen sich aufhebt); aber das Atomgewicht wird um 4 vermindert sein (da dies das Atomgewicht des Heliums ist und das
Gewicht der Elektronen verschwindend klein ist). Unter den radioaktiven Stoffen kennt man verschiedene Beispiele für isotope
Grundstoffe, deren Atomgewichte sich genau um 4 Einheiten unterscheiden. Der radioaktive Stoff Uran ist der Grundstoff, der von
allen bekannten das größte Atomgewicht (238) und die größte
Atomnummer (92), also auch die größte Kernladung hat, und die
anderen radioaktiven Stoffe gehören auch zu den höchsten im
periodischen System. Die Ursache der Radioaktivität muß man
also darin suchen, daß diese Atomkerne sehr zusammengesetzte
Systeme mit geringer Stabilität sind und daher leicht unter Ab-
scheidung einiger ihrer Teile und Abgabe einer bedeutenden
Energie, die in den ausgesandten Strahlen zutage tritt, in weniger
zusammengesetzte Systeme übergehen.

Auch von den Atomkernen der nicht radioaktiven Grundstoffe
muß man indessen annehmen, daß sie aus Kernelektronen und
positiven Teilen zusammengesetzt sind — mit alleiniger Ausnahme
des Wasserstoffkernes. Wir haben guten Grund, diesen letzteren
als das positive Elementarquantum selber aufzufassen oder, wenn
man will, als das positive Elektrizitätsatom, ebenso wie das Elektron das negative ist. Alle Materie wäre demnach aufgebaut aus nur
zwei Arten von Grundteilen, nämlich Wasserstoffkernen und Elektronen. Daß diese selbst aus noch kleineren Teilen bestehen, ist
natürlich nicht ausgeschlossen, liegt aber jenseits aller bisherigen
Erfahrung. In allen Kernen sind mehr positive Wasserstoffkerne
als negative Elektronen vorhanden, so daß für den Kern sich eine
positive Ladung (d. h. Zahl von Elementarquanten) gleich der
Differenz zwischen der Anzahl der Wasserstoffkerne und Elektronen ergibt.

Gehen wir vom Wasserstoff, der das Atomgewicht, die Atomnummer und Kernladungszahl 1 hat, in der Nummerreihe auf-
wärts, so kommen wir zum Helium mit dem Atomgewicht 4, der
Atomnummer und Kernladungszahl 2. Der Heliumkern müßte
danach 4 Wasserstoffkerne enthalten, welche zusammen das Atom-

gewicht 4 ergeben; aber da diese zugleich 4 positive Ladungen bedeuten, so muß der Kern außerdem 2 Elektronen enthalten,
deren negative Ladungen 2 von den positiven neutralisieren,
während sie zu der Masse des Kernes, oder m. a. W. zum Atomgewicht, nicht merklich beitragen. Man könnte sich auch nicht
gut ein System nur aus 4 positiven Wasserstoffkernen gebildet
denken, da diese in dem kleinen Raume des Kernes sich mit sehr
starken Kräften abstoßen würden; es gehören noch Elektronen
dazu, um das System zusammenzuhalten. Abb. 25 kann einen
Begriff von dem Bau des Heliumatoms geben; aber die Anbringung sowohl der Wasserstoffkerne und Elektronen im Kernsystem wie auch die der äußeren Elektronen ist hier vollständig

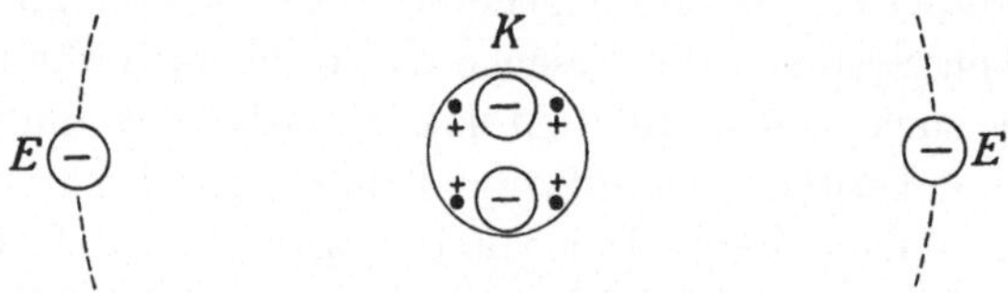

Abb. 25. Schematische Darstellung eines Heliumatoms. *K* Kernsystem mit 4 Wasserstoffkernen und 2 Kernelektronen, *E* Elektronen des äußeren Elektronensystems.

willkürlich. Das aus 4 Wasserstoffkernen und 2 Elektronen gebildete Kernsystem scheint ungewöhnlich stabil zu sein, und es ist
wahrscheinlich, daß Heliumkerne nicht nur in den Atomkernen der
radioaktiven Stoffe, aus denen sie, wie wir wissen, ausgeschleudert
werden, sondern auch in den Kernen anderer Atome als höhere
Einheiten auftreten; vielleicht kommt man der Wahrheit sehr
nahe, wenn man sagt, daß alle Kerne aus Helium- und Wasserstoffkernen sowie Elektronen aufgebaut sind.

Im Stickstoff, der die Atomnummer 7 und das Atomgewicht 14
hat, würde der Kern aus 14 Wasserstoffkernen (von denen vielleicht 12 in 3 Heliumkernen vereinigt sind) und 7 Kernelektronen
bestehen; letztere setzen die positive Kernladung von 14 auf 7
herab. Uran mit der Atomnummer 92 und dem Atomgewicht 238
hätte seinen Atomkern gebildet aus 238 Wasserstoffkernen und
146 Elektronen, welche die Kernladungszahl auf 92 herabsetzen
würden. Man sieht, daß diese Auffassung der Atomkerne uns auf
die alte Proutsche Hypothese (vgl. S. 12) zurückführt, nach der
alle Atomgewichte ganze Vielfache von dem des Wasserstoffes sein
sollen. Diese schien damals in unlösbarem Widerspruch zu den

Messungen zu stehen; aber die Lehre von den Isotopen bringt uns über diese Schwierigkeit hinweg: so haben wir vorher gesehen, daß Chlor mit dem gemessenen Atomgewicht 35,5 eine Mischung von Isotopen mit dem Atomgewicht 35 und 37 zu sein scheint, und Ähnliches scheint auch in anderen Fällen zu gelten. Jedoch ist nicht zu erwarten, daß die Regel ganz genau ist. Zunächst muß die Masse der Elektronen Abweichungen hervorrufen, aber diese ist doch zu gering, als daß solche Abweichung gemessen werden könnte. Aber noch ein anderer Umstand spielt hier mit hinein, nämlich das zuerst allgemein von EINSTEIN abgeleitete Gesetz, daß jede Vermehrung oder Verminderung des Energieinhaltes eines Körpers eine der Energieänderung proportionale Vergrößerung oder Verkleinerung seiner Masse bewirkt. Man muß daher erwarten, daß die Masse der verschiedenen Atomkerne nicht nur von der Anzahl der Wasserstoffkerne (und Kernelektronen) abhängt, sondern auch von der Energie, die durch die Anziehungen und Abstoßungen zwischen den Teilen des Systems oder deren Bewegungen gegeben ist oder auf andere Weise bei der Bildung oder Auflösung von Kernsystemen mitspielt. Hiermit hängt es anscheinend zusammen, wenn auch in vorläufig ganz dunkler Weise, daß man, um ganze Zahlen für die Atomgewichte zu erhalten, das Atomgewicht des Wasserstoffs nicht gleich 1, sondern gleich 1,008 setzen muß, d. h. als Einheit für das Atomgewicht eine Größe wählen muß, die etwas kleiner ist als das Atomgewicht des Wasserstoffs (vgl. Tabelle S. 17).

Grundstoffverwandlung und Gewinnung von Atomenergie.

Wir wollen hier noch zwei Fragen streifen, die viele Menschen in besonderem Grade interessiert haben, weil sie die Möglichkeit praktischer Anwendungen der neuen Erkenntnisse über die Atome betreffen. Die erste Frage ist die, ob man nicht aus diesen Erkenntnissen heraus einen Grundstoff in einen anderen verwandeln kann. Hierauf können wir antworten, daß in den radioaktiven Stoffen eine solche Grundstoffverwandlung ohne irgendeinen Eingriff von menschlicher Seite vor sich geht; und es kann nicht als von vornherein ausgeschlossen gelten, daß es einmal gelingen wird, solche Verwandlung künstlich auszuführen; würde es z. B. gelingen, einen Wasserstoffkern aus einem Quecksilberkern herauszuschlagen, so würde letzterer damit in einen Goldkern verwandelt werden.

So etwas ist nun nicht allein denkbar, sondern wirklich, wenn auch mit anderen als den genannten Stoffen, von RUTHERFORD ausgeführt worden. Diesem glückte es 1919 durch Bombardieren von Stickstoff ($N = 14$) mit α-Teilchen, aus den Stickstoffkernen Wasserstoffkerne herauszuschlagen; man konnte vermuten, daß jeder Stickstoffkern hierbei in einen Kohlenstoffkern ($C = 12$) und zwei Wasserstoffkerne gespalten wurde. Mit anderen Stoffen wurden ähnliche Resultate erzielt. Aber um einige wenige Stickstoffkerne zu treffen, mußte RUTHERFORD ein ungeheueres Bombardement mit Hunderttausenden von Geschossen vornehmen, und selbst wenn er an Stelle von Kohle Gold erhalten hätte, wäre es vom wirtschaftlichen Standpunkte aus ein ganz wahnsinniges Unternehmen, auf diese Weise Gold machen zu wollen; und eine andere ausführbare Methode zur Grundstoffverwandlung kennen wir vorläufig nicht mit Sicherheit. Die Fortsetzung von RUTHERFORDS Versuchen hat übrigens ganz kürzlich das interessante Resultat ergeben, daß die α-Teilchen, die aus dem Stickstoffkern einen Wasserstoffkern ausgetrieben haben, selbst im Kern stecken bleiben, so daß anscheinend anstelle des Kohlenstoffkernes ein Sauerstoffkern vom Atomgewicht 17 gebildet wird.

Die zweite Frage ist die, ob man nicht die im Innern der Atome verborgene Energie wird gewinnen und benutzen können. Diese Frage ist schon durch die Entdeckung des Radiums angeschnitten worden, und sie hat in neuester Zeit wieder viel von sich reden machen auf die Mitteilung hin, daß 1 g irgendeines Stoffes lediglich auf Grund seiner Masse nach der Einsteinschen Theorie eine Energie enthalten solle gleich der, die 3000 t Kohle bei der Verbrennung abgeben würden. Der Sinn dieser Behauptung ist folgender: Wie oben erwähnt, bewirkt die Verminderung des Energieinhaltes eines Körpers eine Verminderung seiner Masse; hierbei ist es gleichgültig, in welcher Form die von dem Körper abgegebene Energie zutage tritt (Wärme, Spannungsenergie o. ä.); einer gewissen Masseverminderung muß immer eine Energieabgabe von bestimmter Größe entsprechen. Denkt man sich nun, daß die ganze Masse von 1 g Stoff als Masse „vernichtet" wird und z. B. als Wärmeenergie wieder „aufersteht", so kann man aus dem bekannten Verhältnis zwischen Masse und Energie ausrechnen, daß die freigemachte Wärmeenergie gleich der Wärme aus den erwähnten 3000 t Kohle sein würde. Aber damit alle diese Energie auftreten kann, müssen schon die Wasserstoffkerne und die Elektronen selber vernichtet werden, und nichts deutet darauf, daß eine solche Vernichtung der Grundbestandteile der Materie, oder, wenn man so will, ihre Umwandlung in andere Energieform, möglich ist. Solcher Gedanke muß vorläufig als reine Phantasie bezeichnet werden, deren Entstehung eigentlich nur auf dem Mißverstehen einer wissenschaftlichen Ausdrucksweise beruht (was übrigens schon oft zu Phantastereien geführt hat!).

Wesentlich anders verhält es sich mit den Energiemengen, die, wie man annehmen muß, bei der Umwandlung eines Kernsystems in ein anderes, also bei Grundstoffverwandlung, frei gemacht oder verbraucht werden. Diese sind viel kleiner, aber daß sie an und für sich nicht zu verachten sind, geht aus den radioaktiven Prozessen hervor. 1 g Radium würde bei seiner vollkommenen Umwandlung in nicht radioaktiven Stoff so viel Energie abgeben, wie — nun nicht 3000 t — aber immerhin 460 kg Kohle; aber es würde allerdings nahezu 1700 Jahre dauern, bis bloß die Hälfte des Radiums umgewandelt ist. Daß bei anderen Grundstoffverwandlungen ebenso große Energieumsetzungen ins Spiel kommen können wie bei dem „Abbau" der Kernsysteme radioaktiver Stoffe, ist nicht unmöglich. Denken wir uns, daß 4 Wasserstoffkerne, die zusammen die Masse 4 mal 1,008 = 4,032 (ausgedrückt in der auf S. 83 erwähnten Einheit der Atomgewichte) besitzen, und 2 Elektronen sich zu einem Heliumkern mit dem Atomgewicht sehr nahe gleich 4,00 zusammenschließen könnten, so würde hierbei eine Masse verlorengehen, die, wie man annehmen muß, in der einen oder anderen Energieform zutage treten würde, und was man bei diesem gedachten Aufbau von Heliumkernen aus 1 g Wasserstoff an Energie herausholen könnte, wäre erheblich größer, als was 1 g Radium beim Abbau seiner Kerne liefert.

Daß in der Natur nicht nur Abbau, sondern auch (vielleicht im Innern der Sterne) Aufbau vor sich geht, wobei zusammengesetzte Kerne aus einfacheren entstehen, kann nicht gut bezweifelt werden. Es ist dann eine naheliegende Annahme, daß man Wasserstoff durch besondere Bedingungen von Temperatur, Druck, elektrischen Spannungen usw. dazu bringen könnte, sich unter mächtiger Energieentwicklung in Helium zu verwandeln; aber es ist sehr möglich, daß selbst unter günstigen Umständen ein solcher Prozeß ungeheuer langsam verlaufen würde, indem die Bildung eines Heliumkernes ein sehr seltenes Ereignis sein würde, z. B. das Ergebnis eines zufälligen sechsfachen Zusammenstoßes zwischen Wasserstoffkernen und Elektronen — ein Glückstreffer, dessen Chance innerhalb einer gewissen Anzahl von Zusammenstößen ungeheuer viel kleiner ist als die Chance für das große Los in der Lotterie bei der gleichen Anzahl von Ziehungen. Während aber die Natur Zeit hat, auf die „Gewinne" zu warten, haben wir Menschen es nicht. Von dem Abbauprozeß der radioaktiven Stoffe wissen wir, daß sie den hier angedeuteten Charakter haben: Von der großen Menge der Atome, die selbst in einer ganz kleinen Masse zugegen sind, explodiert bald eines, bald ein anderes; warum aber das Schicksal gerade dieses bestimmte Atom trifft, das können wir ebensowenig sagen, wie wir sagen können, warum der Waisenknabe, der die Lotterienummern zieht, gerade diese oder jene Nummer in die Hand bekommt. Von außen gesehen, können wir nur das Gesetz des Durchschnittes, der Wahrscheinlichkeit oder der großen Zahlen erkennen, welches in dem Prozeß zum Ausdruck kommt; von einer Billion Radiumatome explodieren durchschnittlich 13 in 1 Sek., und auch wenn es bei einer einzelnen Billion zufällig bedeutend mehr oder weniger sein können, so tritt doch das Verhältnis „13 in einer Billion" deutlich hervor, wenn es sich z. B. um tausend oder gar eine Million Billionen handelt. Für andere radioaktive Stoffe bekommen wir ganz andere Durchschnittszahlen; aber in keinem Falle kann man in den Gang des Prozesses eingreifen. Auch bei der willkürlichen Grundstoffverwandlung war die Verwandlung der Atomkerne ein Hasardspiel, wo Rutherford nur durch Hunderttausende von Einsätzen sicher sein konnte, einige Treffer zu erzielen.

Falls es dagegen glücken sollte, solche Bedingungen zustande zu bringen, daß eine unter Energieentwicklung verlaufende Grundstoffverwandlung sich von Atom zu Atom fortpflanzt, so würde der Umstand, daß es sich hier um Energiemengen handelt, die viele Male größer sind als bei chemischen Prozessen, Grund zu ernsten Bedenken geben. Es eröffnen sich hier Möglichkeiten zu so umfassenden und verheerenden Explosionen, daß wir uns gar keine Vorstellung von ihnen machen können. Man hat den Gedanken ausgesprochen, daß die gewaltsamen Weltrevolutionen, die sich in dem Aufflammen neuer Sterne zu erkennen geben, auf solchen umfassenden Ausbrüchen innerer Atomenergie beruhen, vielleicht dadurch verursacht, daß Vernunftwesen auf einem Himmelskörper zu „klug" geworden sind; aber das ist natürlich nur ein phantasievolles Gedankenspiel.

Wir brauchen aber vorläufig nicht zu befürchten, solchermaßen Geister heraufzubeschwören, die wir nicht beherrschen können; denn wir sehen vorläufig noch kaum einen gangbaren Weg, um Energie aus dem Kernsystem der Atome zu gewinnen über die hinaus, die die Natur freiwillig gibt, geschweige denn zu einer praktischen Lösung dieses Energieproblems. Jedenfalls ist noch in keiner Weise die Zeit gekommen, wo der Techniker in die Fußtapfen des Forschers treten könnte. Vor Prophezeiungen für die Zukunft wollen wir uns natürlich hüten.

Wie interessant und bedeutungsvoll auch die Einblicke sind, die RUTHERFORD und andere uns in das Innere der Atomkerne eröffnet haben, so kann man doch sicher sagen, daß die Erforschung der Eigenschaften der Elektronensysteme viel stärker in die verschiedenen Gebiete der wissenschaftlichen Physik und Chemie eingreift und dadurch auch viel größere Möglichkeiten hat, in nicht zu ferner Zukunft zu Entdeckungen von praktischer Bedeutung zu führen.

Fünftes Kapitel

Die Bohrsche Theorie des Wasserstoffspektrums.

Das Rutherfordsche Atom und die Elektrodynamik.

Wenn auch RUTHERFORD noch keineswegs eine vollständige Antwort auf die erste unserer beiden im vorigen Kapitel aufgestellten Fragen, nämlich die nach der gegenseitigen Lage der positiven und negativen Teile in den Atomen, hatte geben können, so hätte man doch glauben sollen, daß die bisher geschilderte allgemeine Aufklärung der Struktur des Atoms — die Einteilung in einen kleinen Kern und ein äußeres Elektronensystem und die Bestimmung von dessen Elektronenzahl bei den verschiedenen Grundstoffen — eine gute Grundlage zur Beantwortung der zweiten Frage, nach dem Zusammenhange zwischen den Atomprozessen und den physikalischen und chemischen Eigenschaften der Stoffe, hätte bilden sollen. Aber dies schien zunächst einmal so ganz und gar nicht der Fall zu sein, daß es im Gegenteil nun erst recht hoffnungslos erschien, das Problem dieses Zusammenhanges zu lösen.

Wir sehen dies am besten, wenn wir das einfachste Grundstoffatom betrachten, nämlich das Wasserstoffatom mit seinem positiven Kern und dem einen Elektron, das den Kern umkreist. Wie sollte es möglich sein, aus einem so einfachen Gebilde das Wasserstoffspektrum zu erklären mit seinen vielen verschiedenen scharfen Linien, die in mehreren Serien nach der Balmer-Ritz-Formel (siehe S. 51) verteilt waren? Wie früher erwähnt, schien die Elektronentheorie doch gerade einen sehr verwickelten Atombau zur Erklärung dieser Linien zu fordern. Nach der Elektronentheorie sollten die Atome gewissermaßen mit Saiteninstrumenten vergleichbar sein, die eine große Anzahl von Tönen aussenden könnten, und die Elektronen sollten natürlich den Saiten des Instrumentes entsprechen. Aber das Wasserstoffatom hatte nur ein einziges Elektron, und es war kaum glaublich, daß die einzelnen Wasserstoffatome in einer Wasserstoffmenge auf verschiedene, aber ganz bestimmte „Töne", d. h. Schwingungszahlen, abgestimmt sein sollten.

Nun kann man allerdings aus der Analogie mit dem Saiteninstrument keineswegs schließen, daß ein einzelnes Elektron nur Licht von einer einzigen Schwingungszahl entsprechend einer einzigen Spektrallinie geben könne. Eine angeschlagene Saite wird nämlich auch keinen einfachen unzusammengesetzten Ton geben; das wäre nur der Fall, wenn sie auf eine ganz bestimmte, besonders einfache Weise schwingt; in Wirklichkeit sendet sie eine zusammengesetzte Schallbewegung aus, die man betrachten kann als bestehend aus einem „Grundton" und „Obertönen", deren Schwingungszahlen 2, 3 . . . mal größer sind wie die des Grundtones, also immer ein ganzes Vielfaches von jenem. Diese Obertöne können sogar einzeln entstehen, wenn die Saite nicht als Ganzes schwingt, sondern sich in 2, 3 . . . gleich große schwingende Stücke teilt, was dann 2, 3 . . . mal so hohe Schwingungszahlen ergibt; wir nennen eine solche Reihe von Schwingungen „harmonische" Schwingungen. Die gleichzeitige Anwesenheit dieser verschiedenen Schwingungsarten in der Saite ist ebenso aufzufassen wie das gleichzeitige Auftreten von Wellensystemen verschiedener Wellenlänge auf einer Wasserfläche. Entsprechend der Möglichkeit, die Bewegung der Saite in ihre „harmonischen Komponenten" aufzulösen, können die zusammengesetzten Schallwellen, welche die Saite in der Luft erzeugt, durch Resonatoren (vgl. S. 38) in einzelne Töne aufgelöst werden, die die Schwingungszahlen jener Komponenten besitzen.

Bei dem um den Wasserstoffkern kreisenden Elektron sollte man nun nach den Gesetzen der Elektrodynamik etwas einigermaßen Ähnliches erwarten. Wenn seine Bahn ein Kreis ist, so sollte es in den „Äther" elektromagnetische Wellen aussenden mit einer einzigen bestimmten Schwingungszahl ν, welche gleich ist der Umlaufszahl ω des Elektrons, d. h. der Anzahl seiner Bahnumläufe in einer Sekunde. Aber ebenso wie ein Planet unter dem Einfluß der Anziehung der Sonne, die umgekehrt proportional ist dem Quadrat der Entfernung, sich in einer mehr oder weniger länglichen Bahn bewegt, nämlich einer Ellipse mit der Sonne in dem einen Brennpunkte, ebenso wird das Elektron unter dem Einflusse der Anziehung des positiv elektrischen Kernes, welche ebenfalls umgekehrt proportional dem Quadrat der Entfernung ist, sich in einer Ellipse bewegen können mit dem Kern in dem einen Brennpunkt. Die elektromagnetischen Wellen, die von einem derart sich bewegenden Elektron in den Äther ausgesandt werden, sollen aber nach der Elektronentheorie auflösbar sein in Lichtwellen, die einer Reihe von harmonischen Schwingungen mit den Schwingungszahlen

$$\nu_1 = \omega, \quad \nu_2 = 2\,\omega, \quad \nu_3 = 3\,\omega \quad \text{usw.}$$

entsprechen, wo ω wie vorher die Umlaufszahl des Elektrons bedeutet; und je nachdem die Bahn mehr oder weniger von einem Kreise abweicht, sollten die Schwingungen ν_2, ν_3 usw. stärker oder schwächer in der zusammengesetzten Lichtbewegung hervortreten.

Aber die Verteilung der Spektrallinien in dem wirklichen Wasserstoffspektrum hat nicht die mindeste Ähnlichkeit mit einer solchen Verteilung der Schwingungszahlen!

Schon hieraus sieht man, daß man auf diesem Wege nicht zu einer Übereinstimmung zwischen der klassischen Elektronentheorie und dem Rutherfordschen Atommodell gelangen kann. Die Widersprüche zwischen beiden gehen aber noch viel tiefer.

Nach der Lorentzschen Erklärung für die Entstehung der Lichtwellen sollten die Elektronen im Stoffe, wie früher (S. 64) erwähnt, gewisse Ruhelagen haben und um diese zu schwingen kommen, wenn sie durch einen äußeren Anstoß — eine Art Erschütterung — aus ihr herausgebracht werden. Die Energie, die bei solchem Anstoß dem Elektron zugeführt wurde, mußte dann allmählich zur Aussendung von Lichtwellen verbraucht werden und so in Strahlungsenergie des ausgesandten Lichtes übergehen, während die Elektronen gleichzeitig zur Ruhe kamen, wenn sie nicht einen neuen Anstoß erhielten. Die Anstöße konnten z. B. bei einem glühenden festen Körper von dem Zusammenstoß der Moleküle herrühren, bei leuchtenden Gasen in einem Entladungsrohr von dem Stoß von Elektronen und Ionen gegen Atome. Das schwingende System („Oszillator"), welches das Elektron darstellt, hätte unter diesen Umständen weitgehende Analogie mit einer Saite, die zunächst durch einen Anschlag in Schwingungen versetzt wird und dann allmählich zur Ruhe kommt, weil die zum Anschlage angewandte Energie in Form von Schallwellen wieder abgegeben wird. Obschon die Schwingungen der Saite allmählich schwächer werden, bleibt doch die Schwingungszahl unverändert: Die Schwingungen brauchen ebenso wie Pendelschwingungen immer die gleiche Zeit, und das gleiche würde von der Schwingung des Elektrons gelten, wenn die Kraft, die es in seine Ruhelage zurückzieht, wie beim Pendel proportional mit der Entfernung von dieser ist (Kraft der harmonischen Bewegung).

Das Rutherfordsche Atommodell ist indessen ein System von ganz anderer Art als die gedachten Oszillatoren der Elektronentheorie. Das eine kreisende Elektron des Wasserstoffatoms würde nur in dem positiven Kern zur Ruhe kommen können, und wenn es erst einmal mit diesem vereinigt ist, würde es nicht so leicht sein, es wieder loszureißen; es wäre dann zu einem Kernelektron geworden, und ein solcher Vorgang wäre nichts weniger als eine Grundstoffverwandlung (S. 67 u. 84). Auf der anderen Seite aber folgte es notwendig aus den Grundgesetzen der Elektrodynamik, daß das Elektron bei seinem Kreislauf Strahlungsenergie aussenden und infolge des Energieverlustes sich allmählich dem Kern nähern mußte. Da aber die Anziehung des Kernes auf das Elektron umgekehrt proportional dem Quadrat der Entfernung ist, so muß die Umlaufszeit des Elektrons damit dauernd sinken, die Umlaufszahl ω und damit die Schwingungszahl der ausgesandten Strahlung also dauernd steigen. Die von einem einzelnen Wasserstoffatom ausgesandte Spektrallinie (die natürlich nicht zu beobachten ist) würde also dauernd in der Richtung von dem roten zu dem violetten Ende des Spektrums wandern, und demnach würde eine große Zahl von Wasserstoffatomen in allen Teilen des Spektrums Licht geben: M. a. W. man würde überhaupt kein Linienspektrum bekommen. Das Rutherfordsche Atommodell war also nicht nur außerstande, die Anzahl und Verteilung der Spektrallinien abzuleiten, sondern es war überhaupt unmöglich, aus den bekannten elektrodynamischen Gesetzen zu verstehen, wie es zur Bildung von Spektrallinien an bestimmten Stellen des Spektrums führen sollte, ja man mußte erkennen, daß ein elektrodynamisches System solcher Art ein unstabiles und demnach eigentlich unmögliches System war; und dies galt nicht nur vom Wasserstoffatom, sondern von allen Atomen mit ihrem positiven Kern und dem darum kreisenden Elektronensystem. Wie man sich also auch drehen mag, man findet so einen unlösbaren Widerspruch zwischen der Rutherfordschen Theorie des Atombaues und den fundamentalen elektrodynamischen Voraussetzungen der Lorentzschen Elektronentheorie. Andererseits aber hat, wie früher hervorgehoben, RUTHERFORD sein Atommodell aus so direkten und überzeugenden Versuchen abgeleitet, daß eine andere Erklärung für diese kaum möglich ist. Wenn das Ergebnis, zu dem er gekommen ist, sich mit Elektrodynamik nicht vereinigen ließ, so war es, wie man gesagt hat, um so schlimmer für diese.

Man konnte aber doch nicht erwarten, daß die Physiker sehr geneigt sein sollten, das Gedankengebäude der Elektrodynamik aufzugeben, selbst wenn dessen Fundamente durch die Rutherfordschen Atomgeschosse ernsthaft beschädigt worden waren. Denn dies Gebäude stand, ausgebaut mit dem schönen Flügel der Lorentzschen Elektronentheorie, um die Jahrhundertwende da als sichere und geräumige Burg, in der ein sehr großer Teil des durch die Jahrhunderte aufgesammelten Wissens schon untergebracht war, und wo für alle alten Zweige der Physik Platz zu sein schien, für die Optik sowohl wie für die Elektrizitätslehre, für die Wärmelehre wie für die Mechanik. Wenn das Gebäude zusammenbrach, so würde das heißen, daß die Physik plötzlich obdachlos geworden wäre.

Die Quantentheorie.

Aber auch auf einem ganz anderen Wege war man mittlerweile zu der Erkenntnis gelangt, daß mit der klassischen Elektrodynamik etwas nicht in Ordnung war. Aus tiefsinnigen Spekulationen über das Wärmegleichgewicht bei Strahlungsprozessen war der Deutsche PLANCK 1900 zu einer Auffassung gelangt, die er in seiner „Quantentheorie" niederlegte, und die ebensowenig wie das Rutherfordsche Atommodell mit den Grundgesetzen der Elektrodynamik zu vereinigen war. Wir müssen wegen der Schwierigkeit der Sache uns mit einer ganz kurzen Andeutung der Grundlagen begnügen, auf denen PLANCK aufbaute.

Unter einem „schwarzen Körper" versteht man im allgemeinen einen Körper, der alles auf ihn fallende Licht absorbiert und demnach keines zurückwerfen kann. Die Physiker dagegen brauchen den Ausdruck „absolut schwarzer Körper" in einem erweiterten Sinne von einem Körper, der bei allen Temperaturen alle auf ihn fallende Strahlung absorbiert, ob diese nun aus sichtbarem Licht, aus ultravioletter oder aus ultraroter Strahlung besteht. Aus gewissen Überlegungen, die vor mehr als 60 Jahren von KIRCHHOFF durchgeführt wurden, läßt sich ableiten, daß die Strahlung, die von einem solchen Körper ausgeht, wenn er erwärmt wird, nicht von der Beschaffenheit dieses Körpers abhängt, sondern nur von seiner Temperatur, und daß diese Strahlung größer ist als die von irgendeinem anderen Körper bei der gleichen Temperatur ausgehende. Man bezeichnet solche Strahlung als „Temperaturstrahlung" oder „schwarze Strahlung", welch letzterer Ausdruck freilich etwas irreführend ist, da der ausstrahlende Körper weißglühend sein kann.

In Wirklichkeit ist kein Körper absolut schwarz; selbst von einer mit feinem Ruß bestrichenen Oberfläche werden etwa 10% der darauf fallenden eigentlichen Lichtstrahlen zurückgeworfen. Der dänische Physiker CHRISTIANSEN machte nun schon vor langer Zeit darauf aufmerksam, daß man die schwarze Strahlung verwirklichen könne durch eine Anordnung, bei der die einfallende Strahlung mehrere Male hintereinander reflektiert würde, bevor sie endgültig austritt. Wenn dann jedesmal z. B. 90% der Strahlung absorbiert und nur 10% zurückgeworfen werden, so wird schon nach dreimaliger Reflexion nur ein Tausendstel der ursprünglich einfallenden Strahlen den Körper wieder verlassen; und da die Absorption dann praktisch vollständig ist, wird die Ausstrahlung aus solchem Körper den Charakter von schwarzer Strahlung annehmen. Diese Art von schwarzem Körper wurde schließlich von LUMMER und PRINGSHEIM dadurch verwirklicht, daß in einem Ofen ein Hohlraum mit einem kleinen Loch angebracht wurde und dafür gesorgt wurde, daß die Wände des Hohlraumes überall die gleiche Temperatur hatten. Ein Strahl, der durch das Loch hindurchgeschickt wird, ist dann sozusagen eingefangen, indem er zwischen den Wänden des Hohlraumes unzählige Male hin und her geworfen und dadurch allmählich vollkommen verschluckt wird. Daher muß die Strahlung, die aus dem weißglühenden Hohlraum durch das Loch austritt, schwarze Strahlung sein.

Der Hohlraum selbst wird in allen Richtungen von Strahlen durchkreuzt, die von einem Teil seiner inneren Oberfläche ausgesandt werden, von einem anderen Teile absorbiert und teilweise zurückgeworfen werden, und wenn die Wände eine Zeitlang auf bestimmter Temperatur gehalten werden, so stellt sich von selbst ein Gleichgewichtszustand ein, wo jeder Kubikzentimeter des Hohlraumes eine bestimmte, nur von der Temperatur der Wände abhängige Menge an Strahlungsenergie enthält. Letztere muß aber im Gleichgewichtszustande auch auf eine ganz bestimmte, ebenfalls nur von der Temperatur abhängige Weise auf die verschiedenen Strahlungsarten, d. h. die verschiedenen Wellenlängen oder Schwingungszahlen verteilt sein. Wenn von der einen Art von Strahlen zuviel da ist, von der anderen zu wenig, so werden die Wände von der ersten Art mehr verschlucken als ausstrahlen, von der zweiten Art mehr ausstrahlen als verschlucken; so wird sich der Zustand ändern, bis das richtige Verhältnis erreicht ist.

Wie die Energie auf die verschiedenen Strahlungsarten verteilt ist, kann man untersuchen, indem man die aus dem Loche austretende Strahlung in einem Spektroskop zerlegt und die Wärmeentwicklung in den verschiedenen Teilen des Spektrums mit einem sogenannten Bolometer oder einem ähnlichen Instrument mißt. Bei einer Temperatur von z. B. 1500° findet man dann, daß das Maximum der Energie bei den Strahlen mit der Wellenlänge $1{,}8\,\mu$ liegt, also weit im Ultrarot; erhöht man die Temperatur, so verschiebt sich das Energiemaximum in der Richtung auf das violette Ende des Spektrums; erniedrigt man die Temperatur, so rückt es weiter ins Ultrarot.

Nun kann man aber auch auf theoretischem Wege ausrechnen, wie die Energie bei einer bestimmten Temperatur auf die verschiedenen Schwingungszahlen verteilt sein muß; aber das Ergebnis, das man hierbei erhält, stimmt mit dem aus den Messungen nicht überein. Aus den klassischen elektrodynamischen Gesetzen haben die Engländer RAYLEIGH und JEANS durch anscheinend zwingende Schlußfolgerungen ein Verteilungsgesetz abgeleitet, nach welchem überhaupt kein Strahlungsgleichgewicht eintreten kann, indem nämlich die Energie mehr und mehr auf Strahlen mit kurzer Wellenlänge und hohen Schwingungszahlen übergehen muß und dieser Übergang ins Unendliche weitergeht. Die klassische Elektrodynamik führt also zu Ergebnissen, die nicht bloß mit der Erfahrung in Widerspruch stehen, sondern auch als in sich selbst ganz sinnlos erscheinen müssen. Auch Professor WIENS äußerst wichtige Beiträge zu unserem Verständnis des Strahlungsgesetzes konnten diese Schwierigkeiten nicht beseitigen.

PLANCK dagegen hatte diese Schwierigkeiten überwunden und war zu einem mit der Erfahrung übereinstimmenden Strahlungsgesetz gekommen, indem er eine höchst merkwürdige Annahme machte. Er dachte sich, ebenso wie LORENTZ, die Strahlung vermittelt durch kleine schwingende Systeme oder Oszillatoren, von denen jeder Strahlen von einer bestimmten Schwingungszahl ν aussenden oder absorbieren könnte. Während aber die Strahlung nach der Lorentzschen Theorie und überhaupt nach den Gesetzen der Elektrodynamik in beliebig kleinen Mengen ausgesandt werden kann, nahm Planck an, daß ein Oszillator Energie nur in einzelnen bestimmten Mengen, den sog. „Quanten" ausstrahlen oder absorbieren kann, wobei die Größe dieses „Quantums" von Strahlungsenergie durch die Schwingungszahl des Oszillators bestimmt ist und proportional mit dieser wächst. Bezeichnen wir die Energiemenge, die ein Oszillator mit der Schwingungszahl ν einzeln aussenden kann, mit E, so können wir schreiben:

$$E = h \cdot \nu,$$

wo h eine für alle Schwingungszahlen gemeinsame, konstante Größe bedeutet. Der Hohlraum kann also von dem strahlenden Körper niemals Strahlungsenergie der Schwingungszahl ν in einer kleineren Menge als $h \cdot \nu$ zugeführt erhalten, und die ganze in einer bestimmten Zeit ausgestrahlte Energie dieser Art wird demnach immer ein ganzzahliges Vielfaches von $h \cdot \nu$ sein. Ein Oszillator mit z. B. $1\tfrac{1}{2}$ mal größerer Schwingungszahl wird dagegen die Energie in $1\tfrac{1}{2}$ mal größeren Quanten aussenden.

Die Größe h ist unabhängig nicht nur von der Wellenlänge, sondern auch von der Temperatur und der Art des aussendenden Körpers. Diese Plancksche Konstante h ist m. a. W. eine universelle Konstante. Rechnet man mit den wissenschaftlichen „absoluten" Einheiten für Länge, Maße und Zeit (s. S. 55), so hat h den Zahlenwert $6{,}54 \cdot 10^{-27}$; für die Schwingungszahl $750 \cdot 10^{12}$, die dem äußersten violetten Ende des sichtbaren Spektrums entspricht, wird das Plancksche Energiequantum also etwa $5 \cdot 10^{-12}$ Erg. (Erg ist die wissenschaftliche Einheit der Energie; es ist die Arbeit, die geleistet wird, wenn die Kraft von 1 Dyne einen Körper in ihrer Richtung über eine Strecke von 1 cm fortbewegt, und es ist demnach gleich ca. 10^{-8} kgm, wobei 1 kgm die Arbeit ist, die eine Kraft gleich der Anziehung der Erde auf 1-kg-Gewicht über eine Strecke von 1 m leistet. Das sog. Energiequantum ist also gleich ca. $5 \cdot 10^{-20}$ kgm, oder gleich einem Zwanzigbillionstel der Energie, die nötig ist, um 1-mg-Gewicht 1 mm zu heben.) Für Licht am roten Ende des Spektrums ist das Energiequantum ungefähr halb so groß; gehen wir dagegen zu den höchsten Schwingungszahlen und den kürzesten Wellenlängen über, die bekannt sind, nämlich zu denen der „härtesten" (d. h. durchdringendsten γ-Strahlen (s. S. 67), so kommen wir zu millionenmal größeren Energiequanten, nämlich $2 \cdot 10^{-6}$ Erg, die natürlich immer noch sehr klein sind im Vergleich zu irgendeiner mechanisch meßbaren Energie.

Diese bemerkenswerte Quantentheorie, die bei PLANCK noch einen ziemlich abstrakten und weltfernen Charakter besaß, erwies sich in der folgenden Zeit unter EINSTEINS genialer Behandlung als von der allergrößten Bedeutung für mehrere Probleme, die ebenso wie die Wärmestrahlung den Physikern große Schwierigkeiten bereitet hatten. Es zeigte sich so, daß man mit der Annahme, daß Atome ganz allgemein Energie nur in Quanten abgeben oder aufnehmen, gewisse Verhältnisse bei der Wärmekapazität der Stoffe erklären konnte, denen die alte Physik machtlos gegenübergestanden hatte. Besonders schön und direkt treten, wie EINSTEIN zeigte, die Planckschen Energiequanten in die Erscheinung bei dem sog. „photoelektrischen Effekt" (d. h. der lichtelektrischen Wirkung). Dieser besteht darin, daß ultraviolette Strahlen aus einer Metallplatte, auf die sie treffen, Elektronen frei machen. Die maximale Geschwindigkeit, mit der diese Elektronen aus der Platte heraustreten, erwies sich als unabhängig von der Belichtungsstärke, dagegen als abhängig von der Schwingungszahl der Strahlen, und sorgfältige Messungen haben wahrscheinlich gemacht, daß das Licht, wie EINSTEIN vorausgesagt hat, bei der Freimachung jedes Elektrons ein Energiequantum $h \cdot \nu$ braucht, um das Elektron frei zu machen und in Schwung zu setzen (vgl. S. 126). Von den verschiedenen heute zur Verfügung stehenden Methoden zur Bestimmung des Wertes von h ist der photoelektrische Effekt eine der besten; er ist hierfür von MILLIKAN benutzt worden, dessen schönen Versuchen die genaueste direkte Bestimmung von h zu verdanken ist.

All dies lag ganz außerhalb der Gesetze der Elektrodynamik und wies auf unbekannte tiefer liegende Gesetze hin; aber vorläufig mußte man sich mit dem Ergebnis begnügen, daß diese rätselhaften Energiequanten bei vielen Erscheinungen eine bedeutungsvolle Rolle spielten. Vor etwa einem Jahrzehnt befand sich also die Physik gegenüber den Strahlungsproblemen in einer höchst merkwürdigen und peinlichen Lage. Man verfügte über vier verschiedene

Gruppen von Wissen, von denen jede für sich solide, tiefgreifend und wohlbegründet schien, die aber ganz ohne gegenseitige Verbindung waren, ja sogar teilweise einander widersprachen. Die erste war die klassische Elektrodynamik in schöner Abrundung durch die Lorentzsche Elektronentheorie; die zweite waren die von BALMER, RYDBERG und RITZ gefundenen erfahrungsmäßigen Gesetze über den Bau der Linienspektren; die dritte war das Rutherfordsche Atommodell und die vierte die Plancksche Quantentheorie der Strahlung. Die Physik hatte diese vier kräftigen Pferde als Vorspann; aber ihr Wagen kam nicht vorwärts, da die vier sich hartnäckig weigerten, im gleichen Geschirr zu gehen.

Die Grundzüge der Bohrschen Theorie.

So war die Lage, als NIELS BOHR im Jahre 1913 in einer Abhandlung in dem englischen „Philosophical Magazine" seine Atomtheorie veröffentlichte, in der er mit einem genialen Griff das Rutherfordsche Atommodell, die Balmer-Ritz-Formel und die Quantentheorie miteinander verknüpft hatte. Was die Elektrodynamik angeht, so trat die Unmöglichkeit, diese in ihrer klassischen Form aufrechtzuerhalten, durch BOHRS Theorie noch schroffer hervor als bisher; aber, wie wir sehen werden, hatte die Bohrsche Theorie doch eine sehr bestimmte Verknüpfung mit der klassischen Elektrodynamik, und BOHRS Bestrebungen, diese Verbindung aufrechtzuerhalten und weiterzuentwickeln, haben die größte Bedeutung für seine Theorie gehabt; er spannte m. a. W. auch die Elektrodynamik vor seinen Wagen.

An die Spitze seiner Atomtheorie stellte BOHR zwei Grundannahmen oder Postulate über die Eigenschaften des Atoms, welche Postulate in ihrer ursprünglichen Form etwa folgendermaßen lauten:

Das erste Postulat sagt: Für jedes Atom oder Atomsystem gibt es eine Anzahl bestimmter Bewegungszustände, die sog. „stationären Zustände", in denen das Atom oder Atomsystem bestehen kann, ohne Energie auszustrahlen. Eine bleibende Änderung im Energieinhalt des Atoms kann nur durch einen Vorgang stattfinden, bei dem das Atom vollständig von einem stationären Zustand in einen anderen übergeht.

Das zweite Postulat sagt: Wenn ein solcher Übergang unter Ausstrahlung oder Absorption von elektromagnetischen Lichtwellen stattfindet, so haben diese Wellen eine bestimmte Schwingungszahl, deren Größe durch die Änderung im Energieinhalt des Atoms bestimmt ist. Nennen wir diese Änderung E und die Schwingungszahl ν, so soll gelten:

$$E = h \cdot \nu \quad \text{oder} \quad \nu = \frac{E}{h},$$

wo h die vorher erwähnte Plancksche Konstante ist. Das zweite Postulat behauptet also, daß Emission sowohl wie Absorption von Energie von seiten des Atoms in Quanten stattfindet; es bildet eine Art Verallgemeinerung der ursprünglichen quantentheoretischen Aussagen von PLANCK und EINSTEIN auf die Atome.

Das erste, was bei der Betrachtung dieser Postulate in die Augen fällt, ist der gewaltige Unterschied zwischen einer solchen Strahlungstheorie und der klassischen Strahlungstheorie, wie sie auf S. 36 und 64 besprochen wurde. Bevor wir dazu übergehen, das innere Wesen der Postulate näher zu erörtern, was dem folgenden Kapitel dieses Buches vorbehalten sein soll, wollen wir in diesem Kapitel die formalen Aussagen der Postulate veranschaulichen, indem wir betrachten, wie sie von BOHR 1913 zur Deutung des Wasserstoffspektrums benutzt wurden.

Die Postulate selbst sind von so allgemeiner Art, daß in ihnen gar keine Regel über die Bewegung in den stationären Zuständen vorkommt, und eine Verbindung mit dem Rutherfordschen Atommodell kommt erst in den Anwendungen zustande. Hierfür haben wir jetzt ein Wasserstoffatom zu betrachten, das ja nach dem Rutherfordschen Atombilde aus einem positiven Kern und einem um diesen kreisenden Elektron besteht. Die verschiedenen Bewegungszustände, die das Elektron nach dem ersten Postulat annehmen kann, sind hiernach eine Reihe von Bahnumläufen in verschiedenem Abstande vom Kern. In jeder dieser „stationären Bahnen" gehorcht das Elektron den gewöhnlichen mechanischen Bewegungsgesetzen: Unter dem Einfluß der Anziehung des Kernes, die umgekehrt proportional dem Quadrat der Entfernung ist, beschreibt es eine Ellipse mit dem Kern in einem Brennpunkt, wie früher geschildert; aber im Gegensatz zu den Gesetzen der Elektrodynamik sendet es dabei keine Strahlung aus. In Abb. 26 sind eine Reihe dieser Bahnen angedeutet, die wir mit den Nummern 1, 2, 3, 4 versehen und der Einfachheit halber vorläufig kreisförmig dargestellt haben.

Wenn das Elektron von einer äußeren Bahn in eine innere, z. B. von Nr. 4 in Nr. 2 oder von Nr. 2 in Nr. 1 übergeht, wird die elektrische Kraft, die es zu dem Kern hinzieht, eine gewisse Arbeit leisten, ebenso wie die Schwerkraft Arbeit leistet, wenn ein Stein zur Erde fällt. Ein Teil dieser Arbeit wird verwandt, um die Bewegungsenergie des Elektrons zu vergrößern, indem seine Geschwindigkeit auf der inneren Bahn größer ist als auf der äußeren; der andere Teil aber geht in Strahlungsenergie über, die von dem Atom in Form von monochromatischem Licht ausgesandt wird und demnach für das Atom verloren geht. Nach dem zweiten Postulat ist die Schwingungszahl der ausgesandten Strahlung proportional dem Energieverlust des Atoms. Wenn das Elektron auf die

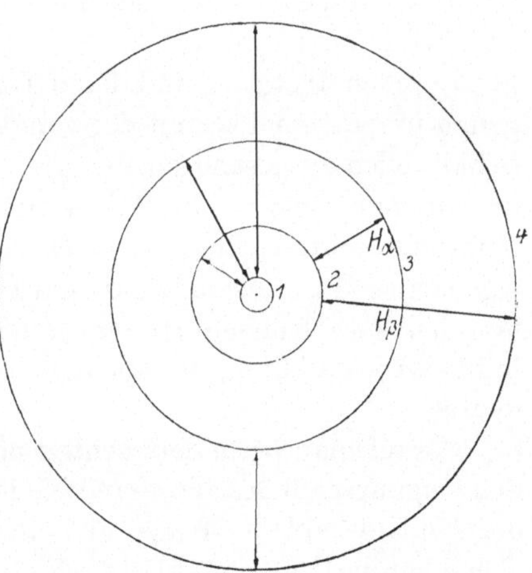

Abb. 26. Bohrs Modell des Wasserstoffatoms in vereinfachter Form (mit Kreisen statt Ellipsen).

innerste, mit 1 bezeichnete Bahn gekommen ist, so kann es sich dem Kern nicht weiter nähern und daher von nun an keine Strahlung mehr aussenden, außer wenn es zunächst durch von außen zugeführte Energie wieder in eine äußere Bahn überführt wird, von der aus es wieder in eine innere übergehen kann. Die innerste Bahn bedeutet also den „Ruhe"zustand des Elektrons oder den Normalzustand des Atoms.

Wenn wir versuchen wollen, uns die Sache durch einen Vergleich aus dem Gebiete der Schallwellen zu veranschaulichen, so können wir das Atom nicht mit einem Saiteninstrument, sondern mit einem gedachten Musikinstrument ganz anderer Art vergleichen. Denken wir uns eine Reihe übereinander angebrachter

Scheiben, auf denen eine Kugel herumlaufen kann, ohne Widerstand zu finden und ohne Schall zu erzeugen. Während einer solchen Bewegung, kann man sagen, ist das System in einem „stationären" Zustande; aber früher oder später kommt die Kugel über den Rand der Scheibe und fällt auf eine tiefer liegende Scheibe, wo sie wieder wie vorher herumläuft; und wir nehmen an, daß durch den Fall ein Ton entsteht. Indem die Kugel so von einem „stationären" Zustand in den anderen übergeht, verliert sie eine Energie gleich der Arbeit, die nötig wäre, um sie wieder auf die ursprüngliche Scheibe und in den alten Bewegungszustand zurückzubringen. Wir wollen annehmen, daß die Energie, die beim Falle verlorengeht, in die von dem Musikinstrument ausgesandten Schallwellen übergeht, und deren Tonhöhe, d. h. Schwingungszahl, genau proportional ist mit der von dem System verlorenen und als Schallwellen ausgesandten Energie. Denken wir uns überdies, daß die unterste Scheibe eine Rinne hätte, welche die fallende Kugel aufnimmt und sie hindert, noch tiefer zu fallen, so kann dieses eigenartige Musikinstrument in ganz groben Zügen eine Vorstellung von den Verhältnissen bei dem Bohrschen Atom geben; aber man muß sich wohl hüten, die Analogie weiter zu treiben, als hier angedeutet.

Worauf man besonders achten muß, ist der Umstand, daß die Schwingungszahl des ausgesandten Tones gar nichts zu tun hat mit der Umlaufszahl der Kugel auf einer der Scheiben; dementsprechend hat die Umlaufszahl ω des Elektrons auf einer der stationären Bahnen zunächst gar nichts direkt zu tun mit der Schwingungszahl der von dem Atom ausgesandten Lichtwellen. Dieses ist ein im höchsten Grade überraschender Bruch mit allen früheren Vorstellungen von der Strahlung, ein Bruch, dessen revolutionärer Charakter nicht genug unterstrichen werden kann. Aber wie ungereimt es auch scheinen könnte, den direkten Zusammenhang zwischen Umlaufszahl und Schwingungszahl aufzugeben, war dies doch unbedingt notwendig, wenn das Rutherfordsche Atommodell aufrechterhalten werden sollte; und wie wir nun sehen werden, führten die neuen Gesichtspunkte Bohr ganz natürlich zu einer Deutung der Balmer-Ritz-Formel, die bisher außerhalb jeder physikalischen Theorie gestanden hatte.

Die Energiemenge, die das Atom abgibt, wenn das Elektron von einer äußeren in eine innere stationäre Bahn übergeht oder die umgekehrt von außen aufgewandt werden muß, wenn das Elektron von der inneren in die äußere Bahn übergehen soll, kann, wie erwähnt, als der Unterschied zwischen den Energieinhalten des Atoms in beiden Zuständen bezeichnet werden. Dieser Unterschied kann nun auch in folgender Weise ausgedrückt werden: Denken wir uns, daß wir von einer bestimmten stationären Bahn, z. B. Nr. 2, das Elektron „unendlich weit fort“ oder „ganz weg“ vom Kern bringen, d. h. so weit fort, daß die Anziehung des Kernes ganz unmerklich wird, oder m. a. W. daß wir das Elektron ganz vom Atom abtrennen, so wird hierzu eine gewisse Energie nötig sein, die man als die „Abtrennungsarbeit“ für die betreffende stationäre Bahn bezeichnet oder auch als die „Ionisierungsarbeit“ für die betreffende Bahn. weil nämlich die Abtrennung das Atom in ein positiv geladenes Ion verwandelt. Wir bezeichnen diese Arbeit für die stationäre Bahn Nr. 2 mit A_2. Um das Elektron aus der stationären Bahn Nr. 4 ganz fortzunehmen, wird eine geringere Abtrennungsarbeit A_4 erforderlich sein. Die Differenz $A_2 - A_4$ ist dann die Arbeit, die aufgewandt werden muß, um das Elektron aus der Bahn Nr. 2 in die Bahn Nr. 4 zu bringen. Diese ist aber genau gleich der Energiemenge E, die als Licht ausgesandt wird, wenn das Elektron aus der Bahn Nr. 4 in die Bahn Nr. 2 übergeht. Nennen wir die Schwingungszahl dieses Lichtes ν, so hätten wir ja $E = h \cdot \nu$, und da nunmehr $E = A_2 - A_4$ ist, so wird

$$h \cdot \nu = A_2 - A_4 .$$

Wenn wir statt der speziellen Beispiele für die stationären Bahnen Nr. 2 und 4 zwei beliebige Bahnen nehmen mit der Nummer n'' für die innere und n' für die äußere, so können wir schreiben

$$h \cdot \nu = A_{n''} - A_{n'} \quad \text{oder} \quad \nu = \frac{A_{n''}}{h} - \frac{A_{n'}}{h} .$$

Hiermit sind wir an den Punkt gekommen, wo es sich lohnt, die Balmer-Ritz-Formel (s. S. 51) für die Verteilung der Linien im Wasserstoffspektrum daneben zu stellen. Diese Formel kann geschrieben werden (vgl. S. 51)

$$\nu = \frac{K}{n''^2} - \frac{K}{n'^2} .$$

Wir sehen nun deutlich die Ähnlichkeit zwischen dieser aus den Spektraluntersuchungen abgeleiteten Formel und unserer obigen, aus den zwei Bohrschen Postulaten abgeleiteten Formel und ihre

Verknüpfung mit dem Rutherfordschen Atommodell. In beiden
Formeln tritt die Schwingungszahl auf als Differenz zwischen zwei
Gliedern, welche in beiden Formeln durch zwei ganze Zahlen bestimmt sind; in der ersten Formel sind dies die Nummern für zwei
stationäre Bahnen in dem Bohrschen Wasserstoffatommodell, in der
zweiten Formel sind es die zwei ganzen Zahlen, von denen in der
Balmer-Ritz-Formel des Wasserstoffspektrums die eine eine Serie,
die andere die Linien in dieser Serie charakterisiert. Um volle
Übereinstimmung zu erreichen, brauchen wir bloß die Glieder in
der einen Formel den Gliedern in der anderen Formel gleich-
zusetzen. Sie werden gleich, wenn man für eine beliebige ganze
Zahl n setzt:

$$\frac{A_n}{h} = \frac{K}{n^2} \quad \text{oder} \quad A_n = \frac{h \cdot K}{n^2}.$$

Für die erste stationäre Bahn, bei der $n = 1$ ist, soll also die
Abtrennungsarbeit A_1 des Elektrons gleich sein dem Produkt aus
der Planckschen und der Rydbergschen Konstanten $h \cdot K$, und für
die Bahn Nr. 2, 3, 4 … also $^1/_4$, $^1/_9$, $^1/_{16}$ … davon. Aus der elektrischen Ladung des Kernes und des Elektrons, die ja beide gleich
dem elektrischen Elementarquantum e sind (S. 57), und der eben
gefundenen Abtrennungsarbeit für eine gewisse Bahn kann man
nun durch einfache mechanische Betrachtungen (siehe Anhang)
den Radius dieser Bahn finden. Bezeichnen wir für die Bahn
Nr. 1, 2, 3 … die Radien mit a_1, a_2, a_3, …, die Durchmesser mit
$2a_1$, $2a_2$, $2a_3$, …, so gibt die Rechnung: $2a_1 = 1{,}056 \cdot 10^{-8}$ cm
oder angenähert $2a_1 = 10^{-8}$ cm $= 0{,}1\,\mu\mu$, $2a_2 = 4 \cdot 10^{-8}$ cm,
$2a_3 = 9 \cdot 10^{-8}$ cm usw. Man sieht, daß die Radien oder die Durchmesser der Bahnen sich verhalten wie $1 : 4 : 9 \ldots$, d. h. wie die
Quadrate der ganzen Zahlen, welche die Bahnnummer angeben.
So sind sie auch in Abb. 26 abgemessen, doch darf man nicht
vergessen, daß wir uns die Bahnen vorläufig als Kreise gedacht
haben, während man annehmen muß, daß sie im allgemeinen
Ellipsen sind. Bei den vorhergehenden Betrachtungen und Berechnungen macht das jedoch keinen anderen Unterschied, als
daß $2a_n$ statt dem Durchmesser des Kreises den größten Durchmesser oder die große Achse der Ellipse bedeutet. Kehren wir
nun zu unseren zwei Formeln zurück

$$\nu = \frac{A_{n''}}{h} - \frac{A_{n'}}{h} \quad \text{und} \quad \nu = \frac{K}{n''^2} - \frac{K}{n'^2},$$

so bedeutete n'' ja in der ersten Formel die Nummer der inneren von den zwei Bahnen, zwischen denen der Übergang stattfand, und in der zweiten Formel die Zahl, welche eine bestimmte Serie im Wasserstoffspektrum charakterisiert. Ist $n'' = 2$, während n' die Werte 3, 4. 5. . . . durchläuft, so entspricht diesem im Wasserstoffatom eine Reihe von Übergängen auf die Bahn Nr. 2 von den Bahnen 3. 4. 5. . . . und im Wasserstoffspektrum die Linien der Balmer-Serie: die rote H_α entspricht dem Übergang 3—2, die grüne H_β 4 — 2 und die violette H_γ 5 — 2 usw. Setzen wir $n'' = 1$, während n' die Werte 2, 3. 4, . . . durchläuft, so erhalten wir im Atom Übergänge auf die Bahn Nr. 1 von den Bahnen 2, 3, 4, . . . usw. und im Spektrum die sog. Lyman-Serie im Ultraviolett (genannt nach dem amerikanischen Physiker LYMAN, der umfassende Untersuchungen im ultravioletten Gebiet des Spektrums angestellt hat). So wird jede Linie im Wasserstoffspektrum dargestellt durch einen Übergang zwischen zwei bestimmten stationären Zuständen im Wasserstoffatom, indem dieser Übergang genau die dieser Linie entsprechende Schwingungszahl gibt.

Dies könnte nun vielleicht auf den ersten Blick ein so erstaunlich schönes Ergebnis scheinen, daß es in ganz überzeugender Weise zugunsten von BOHRS Theorie spricht. Bei etwas tieferem Nachdenken werden aber vielleicht viele zu dem ganz entgegengesetzten Urteil kommen und sagen, daß das Ergebnis ganz wertlos und eine Petitio principii sei, da die stationären Zustände so gewählt seien, daß man damit eine Übereinstimmung mit der Balmer-Ritz-Formel erreichte. Diesem Urteil ist insofern beizustimmen, als die Übereinstimmung zwischen der Balmer-Ritz-Formel und der Bohrschen Theorie — wenigstens soweit wir diese bisher entwickelt haben — von rein formaler Natur ist. Nach den Bohrschen Postulaten wird die Schwingungszahl der ausgesandten Strahlung bestimmt durch die Differenz zwischen je zweien in einer Reihe von Energiemengen, welche die stationären Zustände charakterisieren, ebenso wie sie in der Balmer-Ritz-Formel als Differenz zwischen je zweien aus einer Reihe von Gliedern oder „Termen" K, $\frac{1}{4} K$, $\frac{1}{9} K$ . . . auftritt, von denen jedes durch eine ganze Zahl charakterisiert ist. Indem man nun, an sich ganz willkürlich, auch die Energiemenge in den stationären Zuständen durch eine Reihe ganzer Zahlen charakterisierte und sie mit Hilfe der empirischen Spektralkonstante K berechnete, konnte man natürlich vollkommene Übereinstimmung erreichen, man brauchte hierfür nicht einmal das Rutherfordsche Atommodell einzuführen. Mit dessen Einbeziehung erreichte man es, die neue Theorie mit dem zu verknüpfen, was man schon vorher von der „Architektur" des Atoms wußte, und daß die unklaren „stationären Zustände", bei denen man sich alles mögliche denken konnte, eine greifbare Form annahmen als Umläufe in gewissen Bahnen, aus denen sich eine umfassendere Atomarchitektur zusammensetzte; aber die Theorie erschien damit nicht minder willkürlich, da keine Berechtigung zu erkennen war, einzelnen Bahnen mit bestimmten Durchmessern oder großen Achsen eine besondere Rolle zuzuschreiben. Es kann daher nicht wundernehmen, daß viele Bohrs Theorie unannehmbar fanden und sogar geneigt waren, sie als eine ebenso willkürliche wie sinnlose Aufstellung zu betrachten, die nichts erkläre.

Natürlich hatte Bohr so klar wie irgend jemand die bloß formale Natur der erreichten Übereinstimmung zwischen der Balmer-Ritz-Formel und seinen Postulaten erkannt; daß aber die Quantentheorie überhaupt die Möglichkeit bot, eine solche Übereinstimmung zustande zu bringen, das hatte niemand vor Bohr gesehen; und er erkannte gleichzeitig, daß es sich hierbei nicht um etwas Äußeres und Zufälliges handelte, sondern um etwas Tiefgehendes, auf dem man weiterbauen konnte. Daß die Atomprozesse nach seiner Theorie im Vergleiche zu der klassischen unverständlich und höchst sonderbar aussahen, schreckte ihn nicht; denn er war vielleicht vor irgendeinem anderen zu der klaren Erkenntnis gekommen, wie vollkommen unmöglich es war, nach bekannten Gesetzen die Plancksche und Einsteinsche Quantenstrahlung zu verstehen oder die Eigenschaften des Spektrums aus dem Rutherfordschen Atommodell abzuleiten. Er sah daher klar, daß er mit seiner Theorie gar keine neuen Unwahrscheinlichkeiten einführte, sondern nur die grundlegende Natur der Widersprüche, die schon vorhanden waren, bereits in der Grundlage der Theorie deutlich hervortreten ließ, während andere dazu neigten, sie zu verschleiern, in der vergeblichen Hoffnung, daß sie sich schon irgendwie auflösen würden.

Im übrigen werden wir aber gleich sehen, daß die Wahl der stationären Bahnen keineswegs so willkürlich war, wie es nach dem Vorausgehenden scheinen konnte. Bevor wir aber hierzu übergehen, wollen wir noch zwei Punkte erwähnen, welche eine quantitative

Stütze mehr oder weniger grober Art für die Theorie bildeten. Erstens ist zu beachten, daß die gefundenen Werte für die Bahngrößen gut mit dem übereinstimmten, was man aus ganz anderen Gründen erwarten konnte. Der Durchmesser der innersten Bahn, also der, welche die äußere Grenze des Atoms im Normalzustande bedeutet, ergab sich oben zu etwa 10^{-8} cm oder $0,1\,\mu\mu$, d. h. er war von derselben Größenordnung wie die Werte, die man aus der kinetischen Gastheorie für die Durchmesser der Atome und Moleküle abgeleitet hatte (vgl. S. 26). Hätten wir einen, sagen wir, hundertmal größeren oder hundertmal kleineren Wert gefunden, so hätte das zweifellos einen sehr schlechten Eindruck gemacht. Stationäre Zustände mit sehr hoher Quantennummer wird man nur dann antreffen können, wenn der Wasserstoff sehr stark verdünnt ist; denn sonst wäre kein Platz für so große Bahnen; der Durchmesser der 32. Bahn soll ja 32^2, also über tausendmal größer sein als der der innersten. Da nun Linien mit hoher Nummer in einer Wasserstoffserie zu Übergängen von Bahnen mit hoher Nummer auf eine innere Bahn gehören sollen, so ist es verständlich, daß man in Entladungsröhren nur bis zu 12 Linien der Balmer-Serie beobachtet hat, dagegen bis zu 33 in den Spektren gewisser Sterne: denn draußen im Weltraum ist die Möglichkeit gegeben, das Wasserstoff in außerordentlich starker Verdünnung und doch in so großer Menge auftritt, daß die betreffenden Linien stark genug sein können; hierzu muß nämlich eine große Anzahl von Atomen gleichzeitig Licht von der Wellenlänge ein und derselben Linie aussenden. Der zweite der oben angedeuteten Punkte ist der folgende: Auch für die Abtrennungsarbeit A_1, d. h. die Arbeit, die nötig ist, um ein Elektron aus einem Wasserstoffatom im Normalzustande ganz zu entfernen und somit dieses Atom in ein positives Ion zu verwandeln, gab die Bohrsche Theorie einen Wert, der in der Größenordnung übereinstimmte mit dem Wert für die „Ionisierungsarbeit", die man für die verschiedenen Gase durch Versuche gefunden hatte. Eine genaue Übereinstimmung zwischen Theorie und Versuch war nicht zu erreichen, weil die Wasserstoffatome im gasförmigen Wasserstoff immer paarweise zu Molekülen vereint auftreten. Aber auch hier wäre es schlecht für die Theorie bestellt gewesen, wenn sie für die Ionisierungsarbeit des Wasserstoffatoms einen sehr viel größeren oder kleineren Wert ergeben hätte als die, welche für die

Ionisierungsarbeiten anderer Atome und Moleküle durch Versuche gefunden worden waren.

Ableitung der Rydbergschen Konstanten.

Schon in seiner ersten Abhandlung hatte Bohr die Balmersche Formel noch in einem anderen Zusammenhange herangezogen, der es ihm ermöglichte, einen theoretischen Ausdruck für die Rydbergsche Konstante K zu finden, der mit den Spektralversuchen übereinstimmte. Es handelt sich hier um die früher erwähnte Verknüpfung der Theorie mit der klassischen Elektrodynamik.

Eine solche Verknüpfung hatte die Quantentheorie vorher schon darin gehabt, daß das Strahlungsgesetz von Planck für große Wellenlängen praktisch übereinstimmte mit dem Rayleigh-Jeansschen Gesetz, welches aus der Elektrodynamik abgeleitet war. Dies hängt damit zusammen, daß bei großen Wellenlängen, wenn also ν klein ist, auch die Energiequanten $h \cdot \nu$ klein werden; der Charakter der Strahlung nähert sich dadurch mehr und mehr einer kontinuierlichen, „ungequantelten“ Strahlung. Man konnte daher erwarten, daß auch die Bohrsche Atomtheorie, wenigstens für das Grenzgebiet großer Wellenlängen und kleiner Schwingungszahlen, zu Ergebnissen führen müßte, die der gewöhnlichen elektrodynamischen Theorie für den Strahlungsprozeß sehr ähnlich sind. Nach der Bohrschen Theorie bekommen wir ja die großen Wellenlängen bei Übergängen zwischen zwei stationären Bahnen mit hoher und nur sehr wenig verschiedener Nummer, also z. B. zwischen zwei aufeinanderfolgenden Bahnen n und $n-1$, wenn n eine hohe Zahl ist; denn für solche Bahnen sind A_n und A_{n-1} nur sehr wenig voneinander verschieden und folglich $h \cdot \nu$, das ja gleich $A_{n-1} - A_n$ ist, und demnach auch ν selbst, sehr klein. Nach der elektrodynamischen Theorie der Strahlung sollte das umlaufende Elektron eine Strahlung aussenden, deren Schwingungszahl ν gleich der Umlaufszahl ω des Elektrons ist. Nach der Bohrschen Theorie kann diese Bedingung nicht erfüllt werden, da ja die Strahlung beim Übergang des Elektrons zwischen zwei verschiedenen Bahnen zustande kommt, von denen jede ihre eigene Umlaufszahl hat; wenn aber n eine sehr große Zahl ist, so wird der Unterschied zwischen Umlaufszahl ω_{n-1} und ω_n für die beiden Bahnen $n-1$ und n verhältnismäßig klein, für $n = 100$ z. B. nur 3%. Für einen gewissen hohen Wert von n konnte die Schwingungszahl ν daher ganz gut ungefähr gleich sein der Umlaufszahl des Elektrons in den beiden Bahnen, zwischen denen der Übergang stattfindet. Aber wenn dies nun auch z. B. für Werte von n um 500 herum zutraf, so konnte man doch nicht im voraus wissen, ob es dann auch für noch höhere Werte n. z. B. bei Bahnnummern um 1000 herum, gelten würde. Um diese Frage zu untersuchen, müssen wir die Formeln für die Umlaufszahl ω in einer stationären Bahn und für die Schwingungszahl ν betrachten. Da man nach der Bohrschen Theorie auf den Umlauf in einer stationären Bahn die gewöhnlichen mechanischen Gesetze anwenden kann, ist es leicht, einen Ausdruck für ω zu finden: wir brauchen bloß das dritte Kepplersche Gesetz anzuwenden, welches sagt, daß das Produkt aus der dritten Potenz der großen Achse und dem Quadrat der Umlaufszahl für alle Bahnen gleich ist; und wenn wir weiterhin bedenken, daß in den stationären Bahnen die große Achse proportional mit n^2 ist, so finden wir (siehe Anhang), daß

$$\omega = \frac{R}{n^3},$$

wo R die Umlaufszahl in der ersten, innersten Bahn ($n = 1$) bedeutet; andererseits finden wir ν, wenn wir in die Balmersche Formel die Nummer n und $n - 1$ einsetzen, und eine einfache Rechnung (siehe Anhang) zeigt, daß für große Werte von n der Ausdruck für ν sich einem Grenzwert nähert von der einfachen Form

$$\nu = \frac{2K}{n^3}.$$

Für große Bahnnummern wird also ν ebenso wie ω umgekehrt proportional der dritten Potenz von n. Machen wir nun die Annahme, daß R gleich $2K$ ist, so erreichen wir, daß tatsächlich die Werte für ν und ω für große n mehr und mehr einander gleich werden, und das bedeutet: Wir erreichen, daß für große Bahnnummern der Charakter der ausgesandten Strahlung derselbe wird, wie er nach der klassischen Theorie sein würde.

Diese unsere Annahme $R = 2K$ gibt uns nun aber eine zweite Gleichung zwischen dem Radius a_1 der innersten Bahn (der ja mit R zusammenhängt) und der Rydbergschen Konstanten K, und aus dieser Gleichung im Verein mit der ersten Beziehung, welche an-

fangs zunächst willkürlich zwischen beiden angenommen worden
war, können wir nun den Wert von K unabhängig und nur aus bekannten Größen berechnen, nämlich aus der Ladung e des Elektrons, seiner Masse m und der Planckschen Konstanten h. Diese
Rechnung (siehe Anhang) ergibt:

$$K = \frac{2\,\pi^2\,e^4\,m}{h^3}\,.$$

Setzt man in diese Gleichung die bekannten Werte von e, h
und m ein, so ergibt sich ein Wert für K, welcher mit dem aus den
Spektraluntersuchungen gefundenen Wert von $3{,}29 \cdot 10^{15}$ mit
solcher Genauigkeit übereinstimmt, wie sie für e, h und m erreich-
bar ist. Diese Übereinstimmung ist von Anfang an eine entscheidende Stütze für die Bohrsche Theorie gewesen.

Man könnte nun einwenden, daß wir hier nur solche Strahlung betrachtet haben, die bei einem Übergang zwischen zwei benachbarten
stationären Bahnen entsteht, z. B. Nr. 100 und Nr. 99 oder ähnlichen, bei einem „einfachen Sprunge", wie wir sagen können. Falls
aber der Übergang zwischen Bahnen geschähe, deren Nummern
um 2, 3 oder mehr Einheiten verschieden sind, also in einem
„Doppelsprung", „dreifachen Sprung" usw., so würde die Übereinstimmung mit der klassischen Strahlung, welche unsere Annahme $R = 2\,K$ rechtfertigte, ganz verschwinden, und der Wert
der aus jener Annahme gefundenen Übereinstimmung für K wieder zweifelhaft werden. Denn für solche Fälle von hohen Bahnnummern wird die Umlaufszahl selbst bei einer Differenz von 2, 3, 4
oder mehr in der Bahnnummer annähernd dieselbe bleiben; aber
die Schwingungszahl der Strahlung bei einem doppelten Sprunge
wird fast doppelt so groß wie die bei einem einfachen Sprunge, die
Schwingungszahl bei einem dreifachen Sprunge fast dreimal so
groß usw. Wir würden also bei einer Umlaufszahl von ziemlich
immer dem gleichen Wert ω in diesen Fällen für die Strahlungs-
frequenz sehr angenähert folgende Werte bekommen: $\nu_1 = \omega$,
$\nu_2 = 2\,\omega$, $\nu_3 = 3\,\omega$ usw. Nun dürfen wir aber nicht vergessen, daß,
wenn eine Elektronenbahn kein Kreis, sondern eine Ellipse ist —
was wie gesagt bei den stationären Bahnen im allgemeinen angenommen werden muß —, dann das Elektron nach der klassischen
Elektrodynamik außer dem „Grundton" $\nu_1 = \omega$ gleichzeitig
„Obertöne" mit den Schwingungszahlen $\nu_2 = 2\,\omega$, $\nu_3 = 3\,\omega$ usw.

aussenden muß. Wir sehen also auch hier die äußere Ähnlichkeit zwischen der Strahlung nach der Bohrschen Theorie und der nach der klassischen Elektrodynamik. Wir können sagen, daß die Strahlung mit der Schwingungszahl ν_1, die bei einem Einzelsprung auftritt, mit dem Grundton der klassischen Elektrodynamik „korrespondiert", während die Strahlung der Freqenz ν_2, die beim Doppelsprung auftritt, mit dem ersten Oberton korrespondiert usw.

Mit Hilfe des oben gegebenen Ausdruckes für die Rydbergsche Konstante K kann man ein sehr interessantes und wichtiges Ergebnis ableiten. Um die Betrachtungen nicht allzu verwickelt zu machen, wollen wir nur solche stationären Zustände ins Auge fassen, wo die Bewegung des Elektrons kreisförmig ist. Bei einer solchen Bewegung versteht man unter dem „Impulsmoment" des Elektrons das Produkt aus seinem Abstande a vom Kern und dem „Impuls" des Elektrons, wobei letzterer das Produkt aus der Masse m des Elektrons und seiner Geschwindigkeit v bedeutet. Das Impulsmoment ist also gleich $m \cdot v \cdot a$. Eine einfache mathematische Berechnung (siehe Anhang) zeigt nun, daß das Impulsmoment des Elektrons in seinem $n$ten stationären Zustande der Zahl n proportional und gleich $\dfrac{n \cdot h}{2\pi}$ ist. Man kann dies folgendermaßen ausdrücken: Unter allen den mechanischen Kreisbewegungen, die das Elektron im Wasserstoffatom nach der Newtonschen Mechanik um den Kern herum ausführen könnte, sind die stationären Bewegungen dadurch gekennzeichnet, daß das Impulsmoment des Elektrons gleich einem ganzzahligen Vielfachen der Größe $\dfrac{h}{2\pi}$ ist.

An und für sich hätten wir die Theorie von vornherein so darstellen können, daß diese Eigenschaft geradezu als eine Art drittes Postulat benutzt worden wäre; mit dessen Hilfe hätte man die Energie in den stationären Zuständen rein mathematisch ausrechnen können, um dann unter Zuhilfenahme des zweiten Postulates die Balmersche Formel für das Wasserstoffspektrum zu finden. Wir haben indessen den in diesem Kapitel benutzten Weg vorgezogen, bei welchem die Balmer-Formel von Anfang an als ein erfahrungsmäßig gegebenes Gesetz benutzt wird; denn dieser Weg läßt die Grundgedanken der Bohrschen Theorie reiner hervortreten, während die Einführung eines solchen dritten Postulates als eine ziemlich willkürliche Regel erschienen wäre, die nicht direkt dazu beiträgt, die Theorie wahrscheinlicher oder annehmbarer zu machen. Dazu kommt noch, daß die genannte Regel für das Impulsmoment nicht mehr richtig ist, sobald wir nicht mehr kreisförmige, sondern elliptische Bahnen für die Elektronen betrachten; in solchen Fällen tritt eine Vorschrift von etwas verwickelterer Art an ihre Stelle.

All dies soll aber nicht heißen, daß Regeln zur Festlegung der stationären Bewegungen, wie die hier betrachtete, nicht von der größten Wichtigkeit wären. Einer der wichtigsten späteren Fortschritte der Theorie hat gerade seinen Ursprung in den Versuchen SOMMERFELDS, allgemeinere Regeln dieser Art aufzustellen, die sich zur Anwendung auf verwickeltere Atombewegungen als die bisher betrachteten eignen.

Das Korrespondenzprinzip.

Im vorhergehenden haben wir gesehen, wie die Grundpostulate im Verein mit dem Rutherfordschen Atommodell zu einer quantentheoretischen Deutung des Wasserstoffspektrums führen konnten. Der Erfolg bei dieser Deutung ist der Ausgangspunkt für die weitere Entwicklung der Theorie gewesen. Trotz des fremdartigen Charakters der Postulate hat diese Entwicklung es ermöglicht, viele Erscheinungen mit bemerkenswerter Genauigkeit und in vollständiger Übereinstimmung mit Versuchsbeobachtungen vorauszusagen und formal zu erklären. Die festen Stützpunkte hierbei sind teils die stationären Zustände, wo die gewöhnliche Mechanik (wenn auch mit gewissen Einschränkungen) angewandt werden kann, teils die Quantenregeln für die Übergänge zwischen ihnen. Um aber aus den ersten Anfängen herauszukommen, hat man sich in vieler Beziehung im Dunkel vorantasten müssen, wobei teils Beobachtungsergebnisse, teils verschiedene, oft recht willkürliche Annahmen als Führer dienten. Von besonderer Wichtigkeit war hierbei die oben erwähnte Aufstellung von mathematischen Regeln zur Festlegung der stationären Zustände bei der Atombewegung verwickelter Art, auf die wir später zurückkommen werden. Für BOHR selbst ist ein wichtiger Leitstern das sog. „Korrespondenzprinzip" gewesen, welches der Ausdruck ist für die Verknüpfung der Quantentheorie mit der klassischen Elektrodynamik, d. h. für dieselbe Verknüpfung, welche es uns auf S. 107 ermöglichte, einen

Ausdruck für die Rydbergsche Konstante zu finden. Das Korrespondenzprinzip ist auf den verschiedensten Gebieten äußerst fruchtbar gewesen; wir können hier seinen Inhalt nur andeuten.

Wie erwähnt (S. 108), fand man bei der Grenze für genügend niedrige Schwingungszahlen, wo die Bohrsche Theorie und die klassische Elektrodynamik äußerlich zusammenlaufen, daß eine Reihe Schwingungszahlen ν_1, ν_2, ν_3 ... für monochromatisches Licht, das von verschiedenen Atomen durch Einzelsprünge, Doppelsprünge usw. des Elektrons ausgesandt wird, gleich waren den Schwingungszahlen ω, 2ω, 3ω ..., welche nach den Gesetzen der Elektrodynamik bei jedem dieser Atome in dem Umlauf des Elektrons als Grundton, erster, zweiter usw. Oberton enthalten sind. Entfernt man sich von dieser Grenze, so werden diese beiden Reihen von Schwingungszahlen nicht mehr gleich groß; aber solange man noch einigermaßen nahe bei der Grenze ist, wird man doch aus dem Vorhergehenden leicht verstehen, was gemeint ist, wenn man sagt, daß z. B. die Strahlung mit der Schwingungszahl ν_3 eines dreifachen Sprunges mit dem 2. Oberton 3ω in dem Umlauf eines gewissen Elektrons „korrespondiert". Diese Korrespondenz ist es, welche BOHR rückwärts bis in die Gebiete verfolgt, wo ein großer Unterschied zwischen zwei benachbarten stationären Bahnen besteht und wo daher die Schwingungszahl bei einem Übergang zwischen diesen Bahnen auch sehr verschieden ist von den Umlaufszahlen in den beiden Bahnen oder deren Obertönen. BOHR kommt zu der allgemeinen Auffassung, daß die bei einem einfachen, doppelten, dreifachen usw. Sprunge ausgesandte Strahlung mit dem Grundtone, ersten Obertone, zweiten Obertone usw. im Bewegungszustande des Atoms „korrespondiert". Die Wahrscheinlichkeit für das Auftreten der genannten Sprünge im Atom ist daher sozusagen „bedingt" durch die Anwesenheit der genannten harmonischen Schwingungskomponenten.

Um zu verstehen, wieso diese anscheinend so unbestimmte „Korrespondenz" zu wichtigen Schlußfolgerungen benutzt werden kann, wollen wir ein Gedankenexperiment anstellen. Wir wollen annehmen, daß die mechanische Theorie für den Elektronenumlauf im Wasserstoffatom ergeben hätte, daß die Bahnen der Elektronen immer Kreise sein müßten. Nach den Gesetzen der Elektrodynamik würde die Elektronenbewegung dann nie einen Oberton geben, und nach dem Korrespondenzprinzip könnten dann unter den vom Wasserstoff ausgesandten Schwingungen niemals solche auftreten, die mit Obertönen korrespondieren, d. h. es würden niemals Doppelsprünge, dreifache Sprünge usw. vorkommen, sondern nur Übergänge zwischen zwei benachbarten stationären Bahnen. Die Spektraluntersuchungen zeigen indessen, daß ebensogut mehrfache Sprünge wie Einzelsprünge vorkommen können, und das kann man dann als Beweis dafür betrachten, daß die Bahnen im Wasserstoffatom im allgemeinen keine Kreise sind. Oder wir wollen annehmen, daß sich statt dessen ergeben hätte, daß die Bahnen der Elektronen immer Ellipsen seien mit einer ganz bestimmten Exzentrizität, welche ein bestimmtes Stärkeverhältnis zwischen Obertönen und Grundton bedeuten würde; daß z. B. die Intensität des ersten Obertones immer gleich der Hälfte, die des zweiten immer gleich $^1/_3$ usw. des Grundtones wäre: Dann müßte die wirklich ausgesandte Strahlung nach dem Korrespondenzprinzip derart sein, daß die Intensität derjenigen Spektrallinien, die einem doppelten oder dreifachen Sprunge aus einem gegebenen stationären Zustande entsprechen, $^1/_2$ bzw. $^1/_3$ von der Intensität der Linie ist, die einem einfachen Sprunge aus dem gleichen Zustande entspricht.

Durch solche Gedankenexperimente kann man einen Begriff davon bekommen, daß das Korrespondenzprinzip in gewissen Fällen etwas aussagen kann, nämlich über die Frage, welche Spektrallinien man überhaupt nicht erwarten kann, obschon sie einem denkbaren Übergange entsprechen würden, sowie über die Intensitätsverteilung auf diejenigen, welche wirklich auftreten. Aber die eben gewählten Gedankenexperimente haben im übrigen nicht viel mit wirklich vorhandenen Problemen zu tun, und man könnte auch allerhand gegen die grobe Art und Weise einwenden, in der sie behandelt wurden. Das Korrespondenzprinzip hat sein eigentliches Wirkungsfeld bei verwickelteren Elektronenbewegungen als denen, die in dem ungestörten Wasserstoffatom vorkommen — bei Bewegungen, die nicht wie die einfache Ellipsenbewegung eine Reihe harmonischer Schwingungen (ω, 2ω, 3ω ...) darstellen, sondern als aus Schwingungen mit anderem Frequenzverhältnis zusammengesetzt erscheinen. Das Korrespondenzprinzip hat in solchen Fällen zu wichtigen Entdeckungen und Voraussagen Anlaß gegeben, die vollständig mit den Beobachtungen übereinstimmen.

Wir haben solange bei dem schwer verständlichen Korrespondenzprinzip verweilt, weil es einen von BOHRS tiefsten Gedanken und wichtigsten Führern darstellt. Es hat ihm die Führung auch in dem weiteren Ausbau der Theorie gesichert und ihre innere Verkettung zu einem geschlossenen Ganzen ermöglicht, und es verspricht, der Schlüssel zu ihrer weiteren Entwicklung zu bleiben. Aber wir wollen nun von diesen allgemeinen Betrachtungen zu mehr speziellen Seiten der Sache übergehen und zunächst einmal einen der großen Triumphe betrachten, durch den die Theorie ihre Fähigkeit erwies, auf den rechten Weg zu führen, wo man vorher in die Irre gegangen war.

Das falsche Wasserstoffspektrum.

Im Jahre 1897 hat der amerikanische Astronom PICKERING im Spektrum eines Sternes außer den gewöhnlichen Linien der Balmer-Serie eine Reihe von Linien gefunden, von denen jede etwa in der Mitte zwischen zwei Linien der Balmer-Serie lag, und deren Schwingungszahlen durch eine Formel wiedergegeben werden konnten, die der Balmerschen sehr ähnlich war; man brauchte bloß, statt in der Formel (S. 49) $n = 3, 4, 5 \ldots$ zu setzen, $n = 3\frac{1}{2}, 4\frac{1}{2}, 5\frac{1}{2} \ldots$ zu setzen. Später zeigte sich, daß in vielen Sternen auch eine Linie beobachtet wurde entsprechend $n'' = 3/2$ und $n' = 2$ in der gewöhnlichen Balmer-Ritz-Formel. Man sah es für gegeben an, daß diese Linien von Wasserstoff herrührten, und daß dessen Spektralformel also eigentlich so geschrieben werden müßte:

$$\nu = K \left(\frac{1}{\left(\dfrac{n''}{2}\right)^2} - \frac{1}{\left(\dfrac{n'}{2}\right)^2} \right),$$

wo n'' und n' ganzzahlige Werte annehmen können; denn man konnte sich nicht denken, daß die Spektralformeln verschiedener Grundstoffe einander so ähnlich sein könnten. Diese Auffassung wurde noch weiter bestärkt, als FOWLER 1912 die Pickeringschen Linien in dem Lichte aus einem Entladungsrohre fand, das eine Mischung von Wasserstoff und Helium enthielt; allerdings konnte man nicht verstehen, warum die neuen Linien im allgemeinen im Wasserstoffspektrum nicht auftraten.

Nach der Bohrschen Theorie des Wasserstoffspektrums konnte man dagegen unmöglich — wenn man nicht die auf S. 107 besprochene Übereinstimmung mit der Elektrodynamik für hohe Bahnnummern aufgeben wollte — dem Wasserstoffatom eine Aussendung von Linien zuschreiben, die einer derartigen Formel mit halbierten ganzen Zahlen entsprechen. Die oben angegebene Formel konnte indessen auch folgendermaßen geschrieben werden:

$$\nu = 4\,K\left(\frac{1}{n''^{\,2}} - \frac{1}{n'^{\,2}}\right).$$

Wenn unsere früheren Rechnungen etwas allgemeiner ausgeführt worden wären (siehe Anhang), indem man nämlich, anstatt die Kernladungszahl gleich einem elektrischen Elementarquantum e zu setzen, wie sie bei Wasserstoff ist, sie gleich $N \cdot e$ gesetzt hätte, wo N die Atomnummer ist, so hätte man als Formel für die Schwingungszahlen die folgende gefunden:

$$\nu = N^2 \cdot K\left(\frac{1}{n''^{\,2}} - \frac{1}{n'^{\,2}}\right).$$

Diese Formel fällt offenbar mit der vorhergehenden zusammen, wenn $N = 2$ ist. Nun wissen wir ja, daß Helium die Atomnummer und folglich die Kernladungszahl 2 hat (S. 77); ein normales neutrales Heliumatom hat allerdings auch zwei Elektronen und ist daher sehr verschieden von einem Wasserstoffatom; falls aber ein Heliumatom ein Elektron verloren hat und dadurch zu einem einmal positiv geladenen Ion geworden ist, so ist es ebenso wie das Wasserstoffatom ein System mit nur einem einzigen um den Kern kreisenden Elektron, und es unterscheidet sich dann in seinen äußeren Eigenschaften nur dadurch von dem Wasserstoffatom, daß es eine doppelt so große Kernladung hat, d. h. seine Spektralformel muß oben eben gerade mit $N = 2$, also $N^2 = 4$ geschrieben werden. Die Formel für die eigenartigen „Wasserstofflinien“ würde daher genau für ein Heliumatom passen, welches ein Elektron verloren hat. Dies sah Bohr sofort ein und behauptete daher, daß die betreffenden Linien garnicht von Wasserstoff, sondern von Helium herrührten.

Bohr hatte zuerst wohl die meisten Autoritäten auf dem Gebiete der Spektroskopie gegen sich; aber die Zweifel verstummten, als Evans nachwies, daß die Linien sich in einem Entladungsrohr erzeugen ließen, in dem sich keine Spur von Wasserstoff, sondern nur Helium befand. In einer Zuschrift an die englische Zeitschrift „Nature" im September 1913 machte indessen FOWLER den Einwand gegen die Bohrsche Theorie, daß die Formel der umstrittenen Linien doch nicht genau der Formel mit $4\,K$ entsprach, sondern daß eine kleine Unstimmigkeit vorlag. BOHRS Antwort kam umgehend. Er machte darauf aufmerksam, daß er bei seinen Berechnungen — da er zunächst nur eine erste Annäherung erstrebt hatte — die Masse des Elektrons als verschwindend im Vergleich mit der des Kernes angesetzt hatte, so daß man sich letzteren genau im Brennpunkt der von dem Elektron beschriebenen Ellipse denken konnte. In Wirklichkeit mußte man annehmen, daß Kern und Elektron sich um ihren gemeinsamen Schwerpunkt bewegen, ebenso wie man bei der Bewegung im Sonnensystem annehmen muß, daß nicht das Zentrum der Sonne, sondern der Schwerpunkt des ganzen Systems stillsteht. Diese „Mitbewegung des Kernes" führt dazu, daß in dem Ausdruck für die Konstante K ein Faktor der Form $\dfrac{M}{M+m}$ eingeführt werden muß, wo M die Masse des Kernes, m die des Elektrons bedeutet, welche beim Wasserstoff $\frac{1}{1835}$ von der des Kernes ist. Beim Helium ist M 4 mal so groß wie beim Wasserstoff, so daß das genannte Verhältnis hier einen etwas anderen Wert annimmt. Der Unterschied ist $0{,}04\%$, und dieser stimmt genau zu der beobachteten Abweichung.

Der Einwand, den FOWLER gegen die Theorie erhob, wurde so von BOHR in einen schönen und starken Beleg zu ihren Gunsten verwandelt.

Einführung von mehr als einer Quantenzahl.

In den ersten Jahren nach 1913 stand BOHR so gut wie allein bei der Ausarbeitung seiner Theorie und bei der Nachweisung ihrer Anwendbarkeit auf viele Probleme. 1916 dagegen begannen die Theoretiker in anderen Ländern unter Führung des bekannten Münchener Professors SOMMERFELD, sich mit der Bohrschen Theorie zu beschäftigen, und ihre Untersuchungen veranlaßten verschiedene wesentliche Fortschritte. Hier soll einer der wichtigsten von diesen besprochen werden. In der im vorhergehenden dargelegten Theorie des Wasserstoffspektrums war angenommen, daß wir es nur mit einer einzigen Reihe von stationären Bahnen zu tun hätten, von denen jede durch ihre Nummer oder ihre Quantenzahl, wie man das gewöhnlich nennt, charakterisiert sei; aber nach den Ergebnissen des genannten Forschers muß jede der stationären Bahnen, wenn es sich um genauere Einzelheiten handelt, noch durch eine weitere Quantenzahl bezeichnet werden.

Dies hängt eng damit zusammen, daß die Bewegung des Elektrons nicht ganz so einfach ist, wie bisher angenommen. Wir sind davon ausgegangen, daß das Elektron sich um den Kern bewegt, ebenso wie ein Planet sich um die Sonne bewegt, nämlich nach den Kepplerschen Gesetzen in einer Ellipse mit der Sonne in dem einen Brennpunkt, indem das Elektron unter dem Einfluß einer Anziehung steht, die umgekehrt proportional mit dem Quadrat der Entfernung ist, ebenso wie der Planet von der Sonne nach Newtons Gesetz angezogen wird. Nun müssen wir aber daran denken, daß es sich um eine elektrische Anziehung handelt, welche bei gegebener Entfernung nicht durch Massen, sondern durch elektrische Ladungen bestimmt ist. Falls diese unverändert bleiben, während die Masse des Elektrons sich ändert, wird die Bewegung sich ändern, weil dieselbe Kraft auf eine größere Masse weniger Wirkung ausübt. Nun muß man nach der klassischen Elektronentheorie annehmen, daß die elektrische Ladung eines Elektrons immer dieselbe ist, daß aber seine Masse von der Geschwindigkeit abhängt, und zwar so, daß sie mit wachsender Geschwindigkeit zunimmt. Vor vielen Jahren hat J. J. Thomson diese Massenveränderlichkeit vorhergesagt; ihre mathematische Berechnung gestaltet sich am einfachsten, wenn man sich auf den Boden der Einsteinschen Relativitätstheorie stellt. In unserem Falle, wo die Geschwindigkeit des Elektrons in seiner Bahn sich von Stelle zu Stelle ändert, bringt die Massenveränderlichkeit mit sich, daß die Elektronenbahn nicht mehr eine geschlossene Kurve ist, sondern den allgemeinen Charakter einer „Zentralbewegung" annimmt.

Da der genannte Einfluß der Änderungen in der Masse sehr gering ist, kann man die Bahn nach wie vor als eine Keppler-Ellipse betrachten; aber deren große Achse wird sich ganz langsam in der Bahnebene herumdrehen. In Wirklichkeit läuft die Bahn also nicht in sich selbst zurück, sondern sieht etwa so aus wie in Abb. 27; diese entspricht allerdings einer vielmals schnelleren Drehung der großen Achse, als sie beim Wasserstoffatom stattfindet, wo — selbst bei der schnellsten Achsendrehung — das Elektron ungefähr 40 000 mal um den Kern herumlaufen muß, bis die große Achse einmal einen Umlauf gemacht hat.

Wenn das Elektron sich in einer festen Keppler-Ellipse bewegt, so würde der Energieinhalt des Atoms nur durch die große Achse der Ellipse bestimmt sein. Ist diese Achse für die stationären Zustände mit den Quantenzahlen $1, 2, 3, \ldots$ gleich $2a_1, 2a_2, 2a_3, \ldots$, so würde die Schwingungszahl beim Übergang von z. B. Nr. 3 in Nr. 2 — da sie ja durch den Energieverlust bedingt ist — dieselbe sein, einerlei ob die Bahnen Kreise oder langgestreckte Ellipsen sind. Bewegt sich dagegen das Elektron in einer Ellipse, welche selbst rotiert, so wird der Energieinhalt, wie eine mathematische

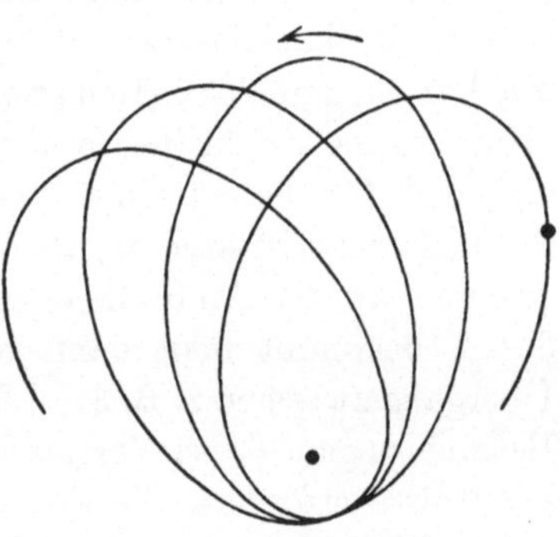

Abb. 27. Eine zusammengesetzte Elektronenbewegung, entstanden durch sehr schnelle Rotation einer Ellipsenbahn.

Berechnung lehrt, nicht nur von der großen Achse der Ellipse abhängen, sondern auch ein wenig von ihrer Exzentrizität oder m. a. W. auch von ihrer kleinen Achse. Wir würden daher beim Übergang 3 — 2 verschiedene Energieverluste und folglich verschiedene Schwingungszahlen erhalten, je nachdem die Ellipse mehr oder weniger langgestreckt ist. Wenn die Sache nun so läge, daß die Exzentrizität der Ellipsen für eine gewisse Quantenzahl beliebige, bei den verschiedenen Atomen verschiedene Werte annehmen könnte, so würde man, beim Übergang zwischen zwei Nummern, Schwingungszahlen erhalten, die innerhalb eines gewissen kleinen Intervalles beliebig wechseln können, d. h. eine Wasserstoffmenge mit einer großen Anzahl von Atomen würde verwischte Spektrallinien geben, d. h. Linien, die sich über ein kleines kontinuierliches Spektrumstück ausbreiten.

Dies ist indessen nicht der Fall; aber schon lange vor dem Erscheinen der Bohrschen Theorie hat man entdeckt, daß die Wasserstofflinien, die wir bisher als einfach betrachtet haben, eine sog. „Feinstruktur" besitzen. Durch besonders stark auflösende Spektralapparate ließen sie sich in zwei dicht beieinanderliegende Linien auflösen. Diese Feinstruktur ließ sich nun dadurch erklären, daß für einen stationären Zustand mit der Quantenzahl z. B. 3 und einer großen Bahnachse gleich $2a_3$ die Exzentrizität der Bahn weder einen einzigen bestimmten Wert noch auch alle möglichen Werte hatte, sondern mehrere verschiedene Werte von ganz bestimmter Größe, was dann etwas verschiedene, aber bestimmte Werte für den Energieinhalt des Atoms ergeben würde. Man konnte nun die Reihe von stationären Bahnen, welche die große Achse $2a_3$ hatten, mit der „Hauptquantenzahl" 3 bezeichnen unter Hinzufügung von kleineren Zahlen, welche die „Nebenquantenzahlen" für die einzelnen stationären Bahnen mit den verschiedenen Exzentrizitäten angaben, so daß die Reihe mit 3_1, 3_2, 3_3 bezeichnet wurde. An Stelle einer einzelnen Linie für den Übergang $3 - 2$ bekommt man dann mehrere Linien entsprechend dem Übergang zwischen z. B. $3_3 - 2_2$, $3_2 - 2_1$ usw. Durch theoretische Betrachtungen, deren Verständnis erhebliche mathematische Vorkenntnisse erfordert, die aber eine enge Analogie aufwiesen mit den auf S. 109 erwähnten Betrachtungen über die Festlegung der stationären Bahnen, gelangte Sommerfeld zu gewissen formalen Quantenregeln, welche die Festlegung der stationären Zustände des Wasserstoffatoms mittels solchen doppelten Reihen von Quantennummern ermöglichte. Die Ergebnisse, die er in bezug auf die Feinstruktur der Wasserstofflinien erhielt, stimmen innerhalb der Versuchsfehler mit den Beobachtungen überein.

Sommerfelds Methoden haben sich als sehr fruchtbar erwiesen, auch in der Anwendung auf die Spektren anderer Stoffe, aber sie waren doch von recht formaler und willkürlicher Art, und es ist daher sehr wichtig, daß es später dem Leydener Professor Ehrenfest und Bohr gelungen ist, das Problem von tiefer liegenden Gesichtspunkten aus zu behandeln, und zwar der letztere unter Anwendung des vorher besprochenen umfassenden Korrespondenzprinzipes. Es soll hier bloß andeutungsweise erwähnt werden, daß er hierbei die Tatsache benutzte, daß die Bewegung des Elektrons „mehrfach periodisch" ist. Wir sehen dies am einfachsten, wenn wir bedenken, daß die Umlaufszahl des Elektrons in der Ellipsenbahn eine Periode bedeutet, die Umlaufszahl der großen Achse der Ellipse eine zweite Periode.

Abb. 28 zeigt eine Anzahl der möglichen stationären Bahnen im Wasserstoffatom nach der Theorie von Sommerfeld; der Einfachheit halber sind die Bahnen als in sich geschlossene Ellipsen gezeichnet. Betrachten wir z. B. die Bahn mit der Hauptquantenzahl 4, so haben wir hier drei mehr oder weniger langgestreckte Ellipsen: 4_1, 4_2, 4_3 und einen Kreis: 4_4; in allen hat die große Achse dieselbe Länge, und die Länge der großen Achse verhält sich zu der Länge der kleinen Achse wie die Hauptquantenzahl zur Nebenquantenzahl (bei dem Kreise wie $4:4 = 1$). Allgemein entsprechen einer Hauptquantenzahl n die Nebenquantenzahlen 1, 2, 3, ... n, und die Bahn, für welche die Nebenquantenzahl gleich der Hauptquantenzahl ist, ist ein Kreis. Wir sehen, daß in diesem verwickel-

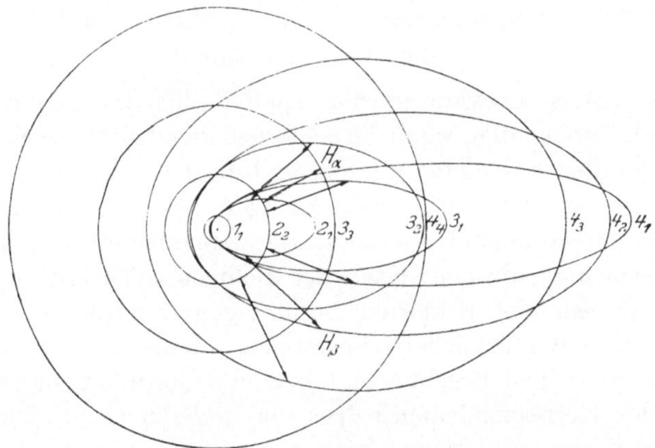

Abb. 28. Modell des Wasserstoffatoms mit stationären Bahnen, die Hauptquantenzahlen und Nebenquantenzahlen entsprechen.

teren Wasserstoffatommodell die Möglichkeit für eine viel größere Zahl von verschiedenen Übergängen besteht als in dem einfachen Modell Abb. 26 (S. 99). Einige Übergänge sind durch Pfeile angedeutet. Da der Energieinhalt des Atoms für Bahnen mit derselben Hauptquantenzahl und verschiedenen Nebenquantenzahlen fast der gleiche ist, so werden die drei Übergänge wie $3_3 - 2_2$, $3_2 - 2_1$ und $3_1 - 2_2$ fast dieselbe Schwingungszahl geben und daher Spektrallinien, die sehr dicht beieinanderliegen. Bei einem Übergange wie $4_4 - 4_3$ wird das ausgesandte Energiequantum $h \cdot \nu$ und also auch ν außerordentlich klein, und die entsprechende Linie liegt demnach so weit im Ultrarot, daß von ihrer Auffindung keine Rede sein kann.

Es ist aber zu bemerken, daß die obigen Überlegungen nur gelten, wenn die Wasserstoffatome im strengsten Sinne ungestört sind; so werden selbst kleine äußere Einflüsse, z. B. von der Nachbarschaft anderer Atome, genügen, um die Exzentrizität der stationären Bahnen zu verändern. In diesem Falle wird die obige Definition der Nebenquantenzahl offenbar illusorisch, und der ursprüngliche Charakter der Feinstruktur verschwindet. Dies steht im Einklang mit den Versuchen, da die Sommerfeldsche Feinstruktur nur gefunden wird, wenn die Versuchsbedingungen in der Entladungsröhre besonders ruhig und günstig sind.

Einflüsse von magnetischen und elektrischen Feldern auf die Wasserstofflinien.

Wie früher erwähnt (S. 65), spalten sich die Spektrallinien in drei Komponenten, wenn die lichtaussendenden Atome magnetischen Kräften ausgesetzt werden, und die Übereinstimmung, die man hier zwischen den Beobachtungen und der Lorentzschen Elektronentheorie fand, war als starkes Zeugnis für deren Richtigkeit betrachtet worden. Nach der Bohrschen Theorie muß das Bild, auf dem jene Erklärung beruht, ganz aufgegeben werden; aber es hat sich glücklicherweise gezeigt, daß die Bohrsche Theorie zu ganz denselben Ergebnissen führt, und BOHR hat zugleich mit Hilfe des Korrespondenzprinzipes den tieferen Grund für diese Übereinstimmung klarlegen können.

Der deutsche Physiker STARK zeigte 1912, daß Wasserstofflinien auch von elektrischen Kraftfeldern aufgespalten werden.

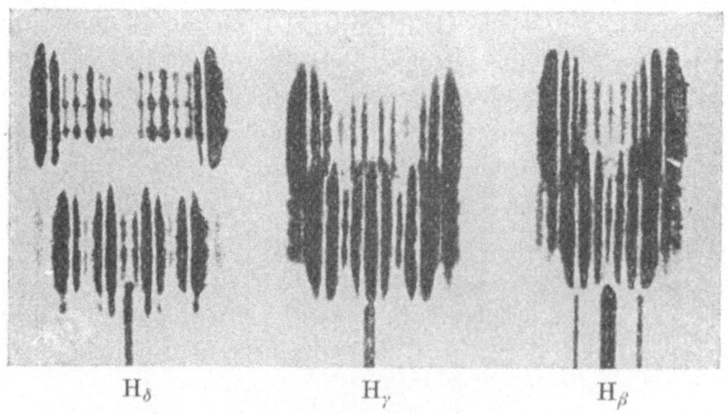

Abb. 29. Aufspaltung von drei Wasserstofflinien unter dem Einfluß eines starken elektrischen Feldes.

Aus Abb. 29 sieht man, daß diese Erscheinung sehr verwickelt ist, und hier konnte die klassische Elektronentheorie nicht erklären, was vor sich ging. Auch diese Erscheinung hat die erweiterte Bohrsche Theorie (mit mehreren Quantenzahlen) erklären können wie 1916 von EPSTEIN und gleichzeitig von SCHWARZSCHILD gezeigt wurde; auch hier hat das Korrespondenzprinzip seine Überlegenheit bewiesen, indem es sogar die Möglichkeit gab zu einer annähernden Bestimmung des Intensitätsverhältnisses zwischen den verschiedenen Aufspaltungskomponenten einer Linie.

Eine von KRAMERS ausgeführte Berechnung hat gezeigt, daß die Theorie eine so gute Übereinstimmung mit den Beobachtungen gab, wie man nur erwarten konnte.

Erst wenn man bedenkt, eine wie außerordentliche Feinheit der Messungsergebnisse bei den Spektraluntersuchungen erreicht wird, kann man die Bedeutung der im vorhergehenden besprochenen wie auch vieler anderer Übereinstimmungen zwischen der Theorie und den Beobachtungen im Spektrum richtig würdigen. Gleichzeitig muß man sich vor Augen halten, wie vollkommen hilflos man früher den eigenartigen Rätseln gegenüberstand, welche selbst das einfachste aller Spektren, das Wasserstoffspektrum, aufgab.

Sechstes Kapitel.

Die Wechselwirkung zwischen Licht und Stoff.

Einleitung.

Die Auffassung von der Natur der Wechselwirkung zwischen Strahlung und Atom, die uns in den Bohrschen Grundpostulaten entgegentritt, ist auf den ersten Blick wohl so verschieden wie möglich von der klassischen Auffassung. Nach der letzteren Auffassung ist die Aussendung von Strahlung, d. h. von periodischen Gleichgewichtsstörungen in dem umgebenden Raum, an die Anwesenheit von periodisch schwingenden, elektrisch geladenen Teilchen geknüpft; in den Postulaten findet sich kein Wort von schwingenden Teilchen, sondern die Strahlung wird an gewisse diskontinuierliche Änderungen im Energieinhalt der Atome geknüpft. Nichtsdestoweniger deuten die Betrachtungen auf S. 107, die zu einer theoretischen Berechnung der Rydbergschen Konstante führten, wie überhaupt das Korrespondenzprinzip, darauf hin, daß die Strahlungsvorgänge doch nicht in jeder Beziehung so verschieden sind von dem, was die klassische elektrodynamische Theorie uns über sie lehrte; ja es sieht so aus, als ob die Strahlungsauffassung der Quantentheorie in irgendeiner Weise eine natürliche Verallgemeinerung der klassischen Strahlungstheorie ist. Diese letztere gilt nur in einem gewissen Grenzgebiet, nämlich in dem Gebiet, wo die Atome sich in stationären Zuständen mit hoher Nummer befinden, wie überhaupt in dem Gebiet, wo wir es mit verhältnismäßig langsamen elektromagnetischen Schwingungen (Systemen aus vielen Atomen) zu tun haben, wie z. B. bei der Radiotelegraphie. In den Gesetzen der klassischen Elektrodynamik tritt die eigentliche Natur der Prozesse sozusagen in verschleierter Form auf und gibt uns nur eine Andeutung von den tieferen Gesetzmäßigkeiten in der Natur.

Wenn wir nun fragen, ob es der Bohrschen Theorie gelungen ist, neue quantitativ formulierbare Grundgesetze aufzustellen, welche die Gesetze der Elektrodynamik ersetzen und zur Ableitung von allem, was im Atom und damit in der Natur vor sich geht, dienen können, so ist diese Frage mit einem entschiedenen Nein zu beantworten. Die Bewegung des Elektrons in einem gegebenen stationären Zustande kann, jedenfalls bis zu einem erheblichen Grade, mit den Gesetzen der Mechanik berechnet werden; aber wir wissen nicht, warum bestimmte Bahnen in solcher Weise vor anderen bevorzugt sind, noch warum die Elektronen von äußeren in innere Bahnen springen, noch warum sie das eine Mal eine, das andere Mal mehrere Bahnen überspringen, noch warum sie nicht näher an den Kern herankommen können als die innerste Bahn, noch warum sie bei diesen Übergängen eine Strahlung aussenden, die durch die angegebene Regel bestimmt ist.

Nun dürfen wir freilich nicht vergessen, daß wir uns in der Wissenschaft gegenüber der Frage „Warum" immer bescheiden müssen. Wir kommen bei ihr nie auf den Grund. Warum die kleinsten Stoffteile — die elementarsten physikalischen Individuen —, zu denen unser Wissen vordringt (also vorläufig Wasserstoffkerne und Elektronen), vorhanden sind, warum die Grundgesetze für ihr gegenseitiges Verhalten — die elementaren Beziehungen zwischen ihnen — von dieser oder jener Beschaffenheit sind, darauf gibt es nach der Natur der Sache keine Antwort; denn diese müßte notwendig auf etwas noch Elementareres Bezug nehmen. Wir können nicht mehr erreichen, als in Form gewisser Grundgesetze eine vollständige Beschreibung der relativen Lagen und Bewegungen der „Grundteile" und des dadurch bestimmten Zustandes in dem Raume zwischen ihnen zu geben; weiter zu kommen, ist überhaupt nicht möglich.

Betrachten wir aber unser Wissen von den Atomprozessen im Lichte dieses Ideals, so werden wir eher versucht, es als bodenlose Unwissenheit zu bezeichnen. Wir sind denkbar weit davon entfernt, eine solche Beschreibung des Atommechanismus geben zu können, daß wir z. B. dem Elektron von Ort zu Ort während seiner ganzen Bewegung folgen könnten, oder daß die stationären Zustände, statt als isolierte „Gaben von oben" dazustehen, als Glieder in den ganzen Zusammenhang eingehen. Während des Überganges von einem stationären Zustand in den anderen haben wir keinerlei

Kenntnis von dem Vorhandensein des Elektrons, ja wir wissen im Grunde nicht, ob es zu dieser Zeit überhaupt vorhanden ist oder ob es sich nicht vielleicht im „Äther" auflöst, um in dem neuen stationären Zustande wiederaufzuerstehen. Aber auch wenn wir von solchen paradoxen Annahmen absehen, muß man erkennen, daß wir weder wissen, welchen Weg das Elektron zwischen den zwei stationären Bahnen einschlägt, noch wie lange Zeit der Übergang dauert. Man bezeichnet oft, wie wir es ja auch im vorhergehenden Kapitel getan haben, den Übergang als einen „Sprung", und viele neigen zu der Vorstellung, daß das Elektron auf seiner ganzen Reise von einer fernen äußeren bis zu der allerinnersten Bahn sich die meiste Zeit in den stationären Bahnen aufhält, während jeder Übergang nur eine verschwindend geringe Zeit braucht. Dies folgt aber an sich nicht aus der Theorie und liegt auch nicht in dem Ausdruck „stationäre Zustände" darin; sie können zwar als eine Art „Stationen" bezeichnet werden; wenn wir aber fragen, ob ein Elektron sich lange dort aufhält, oder ob es bloß die Stellen sind, wo sozusagen die Pferde gewechselt werden, d. h. eine solche Veränderung in der Reiseart vor sich geht, daß die Schwingungszahl der Strahlung sich ändert — so geben die Anwendungen der Theorie auf das Wasserstoffspektrum, wie sie in dem vorhergehenden Kapitel geschildert worden, sicher keine Antwort darauf.

Die Theorie der Lichtquanten.

Im Jahre 1905, als die Quantentheorie in ihren Anfängen war, machte EINSTEIN in Verbindung mit seiner Theorie des photoelektrischen Effekts auf gewisse tiefliegende Schwierigkeiten aufmerksam, welche die Quantentheorie einem Verständnis der Wechselwirkung zwischen Licht und Stoff entgegenstellt, jedenfalls soweit es sich um die Absorption von Licht handelt. Das Bild von der Lichtabsorption, zu dem die Elektronentheorie geführt hatte, war ungefähr folgendes:

Nach der Elektronentheorie befinden sich in den Atomen Elektronen in einer gewissen Gleichgewichtslage; werden sie aus dieser herausgebracht und dann sich selbst überlassen, so schwingen sie um die Gleichgewichtslage mit einer gewissen Schwingungszahl, welche die eigene Schwingungszahl oder Eigenfrequenz des Elektrons genannt wird. Wird nun eine Ansammlung von Atomen von

Licht getroffen, so treten nach der elektro-magnetischen Lichttheorie überall, also auch in den Atomen, wechselnde elektrische
und magnetische Kräfte auf. Ist das Licht monochromatisch, so
wechselt die Kraft ihre Größe und Richtung mit einer ganz bestimmten Periode; nicht monochromatisches Licht kann als zusammengesetzt gelten aus einer großen Anzahl monochromatischer
Lichtwellen, von denen jede ihre Periode oder Schwingungszahl
hat. Die wechselnden elektrischen Kräfte werden die Elektronen
aus ihrer Gleichgewichtslage herausziehen, aber ihnen keine freien
Schwingungen gestatten: jeder von den monochromatischen Bestandteilen des Lichtes wird suchen, den Elektronen seine eigene
Schwingungszahl aufzuzwingen. Die elektrischen Wellen, die
hierbei von den Elektronen ausgesandt werden, interferieren mit
dem einfallenden Lichte; das Ergebnis ist, daß deren Wellenflächen
so verschoben werden, daß sie etwas langsamer durch die Atomanhäufung (d. h. den Stoff) fortschreiten als durch den leeren Raum;
aber im allgemeinen werden die aufgezwungenen Schwingungen
sehr schwach sein und keine merkbare Energie aus dem einfallenden Lichte fortnehmen. Nur wenn ein Elektron von Lichtwellen
getroffen wird, deren Schwingungszahl gleich seiner Eigenfrequenz
ist, kann es in starke Schwingungen versetzt werden (Resonanz,
siehe S. 38). Falls einer der Bestandteile des einfallenden Lichtes
gleiche Schwingungszahl mit einer großen Anzahl von Elektronen
in der Atomanhäufung besitzt, so werden diese also beim Durchgang des Lichtes allmählich in starke Schwingungen kommen, und
die Energie, die sie hiermit erhalten haben, muß nach dem Prinzip
von der Erhaltung der Energie aus dem betreffenden Bestandteile
des einfallenden Lichtes entnommen sein. Wird das Licht nach
seinem Durchgang durch den Stoff durch einen Spektralapparat
geschickt, so wird nunmehr im Spektrum eine dunkle Linie auftreten, deren Schwingungszahl der eignen Schwingungszahl der
Elektronen entspricht (Spektrallinie der Absorption, vgl. S. 43).
Die absorbierte Energie kommt, wie gesagt, zunächst den Elektronen zugute; diese können jedoch nicht unaufhörlich Energie
aufnehmen, sondern sie werden infolge ihrer Schwingungen selbst
Lichtwellen in alle Richtungen des Raumes aussenden (Resonanz-
licht) und dadurch Energie verlieren; wenn die Ausschläge ein
gewisses Maximum erreicht haben, so verliert das Elektron in
jeder Sekunde im Mittel ebensoviel Energie infolge von Ausstrah-

lung, wie es Energie aus dem einfallenden Licht aufnimmt. Dieses ist also in seiner ursprünglichen Richtung nach vorwärts geschwächt zugunsten einer Ausstreuung nach allen Seiten. Eine weitere Möglichkeit ist die, daß die Elektronen durch Zusammenstoß der Atome, in denen sie sich befinden, mit anderen Atomen ihre Schwingungsenergie an diese abgeben, was nach der kinetischen Gastheorie eine Erwärmung veranlassen würde; dies bedeutet also, daß die absorbierte Lichtenergie nur teilweise in verstreutes Licht umgesetzt wird, während der Rest zur Erzeugung von Wärmeenergie benutzt wird.

Dies war in großen Zügen das Bild, das man sich in der klassischen Elektronentheorie von der Lichtabsorption gemacht hatte. Nun wollen wir sehen, was EINSTEINS Theorie des photoelektrischen Effekts (S. 96) verlangt. Nach dieser geht die Absorption von ultraviolettem Licht der Frequenz ν, das auf eine Metallplatte fällt, so vor sich, daß die absorbierte Energie wenigstens teilweise den in dem Metall befindlichen freien Elektronen zufällt; das Wesentliche dabei ist, daß jedes Elektron ein Energiequantum $h \cdot \nu$ bekommt, welches es instand setzt, die Oberfläche des Metalles mit großer Geschwindigkeit zu verlassen. Ein solches Verhalten ist nun aus der klassischen Auffassung heraus, die wir oben geschildert haben, schlechterdings nicht zu verstehen. Nach jener Auffassung würden unter der Einwirkung des Lichtes alle Elektronen im Metall in Schwingungen geraten und damit Energie absorbieren. Je schwächer das einfallende Licht ist, desto kleiner ist die Energie, welche jedes einzelne Elektron absorbiert. Nach EINSTEINS Theorie dagegen kann ein Elektron niemals eine Energiemenge absorbieren, welche von $h \cdot \nu$ verschieden ist. Ist das Licht sehr schwach, so bedeutet das bloß, daß nur eine ganz kleine Anzahl von Elektronen ein solches Quantum aufnimmt; es sieht aus, als ob alle übrigen sich geradezu der Absorption enthielten, um es jenen wenigen zu ermöglichen, ihre vorschriftsmäßige Portion $h \cdot \nu$ zu bekommen.

Man könnte glauben, daß es noch folgenden Ausweg aus der Schwierigkeit gäbe: In Wirklichkeit absorbieren alle Elektronen Energie aus dem einfallenden Licht in der Weise, wie es die klassische Theorie verlangt; die Elektronen, die aus dem Metall entweichen, sind nur die, welche auf Grund zufälliger günstiger Umstände sich das vorgeschriebene Quantum $h \cdot \nu$ haben aneignen können; die Energie, welche die anderen absorbiert haben, wird direkt in Wärme umgesetzt. Dieser Ausweg ist jedoch nicht möglich. Erstens kann man zeigen, daß es danach bei sehr schwacher Beleuchtung unglaublich lange dauern würde, bis die Elektronen überhaupt mit dem Austritt aus dem Metall beginnen würden, während die Versuche beweisen, daß, wenn auch die Anzahl, die in der Sekunde herauskommt, gering ist, sie doch jedenfalls mit dem Austritt beginnen, sobald die Beleuchtung anfängt. Zweitens würde jene Erklärung dazu führen, daß nur ein kleiner Teil der Strahlung als Quanten $h \cdot \nu$ absorbiert wird. Bei dem photoelektrischen Effekt liegen die Dinge so, daß eine solche Behauptung nicht direkt widerlegt werden kann; dagegen hat WARBURG bei gewissen photochemischen Prozessen in Gasen, d. h. Prozessen, bei denen eine chemische Reaktion unter der Einwirkung des Lichtes stattfindet, beweisen können, daß die Anzahl von Atomen oder Molekülen, die infolge der Bestrahlung Energie absorbiert und eine durchgreifende chemische Änderung erfahren haben, genau gleich der Anzahl der Energieportionen $h \cdot \nu$ ist, die aus dem Licht nach seinem Durchgang durch das Versuchsgefäß verschwunden sind (EINSTEINS „photochemisches Äquivalenzgesetz"). Man kann in solchen Fällen nicht daran zweifeln, daß, wenn das Licht von Atomen oder Elektronen absorbiert wird, diese entweder ein Quantum $h \cdot \nu$ oder gar nichts aufnehmen. Im übrigen ist BOHRS zweites Postulat ja auch nichts anderes, als eine Art Verallgemeinerung dieses Gesetzes, welche EINSTEINS Gesetze der photoelektrischen und photochemischen Erscheinungen und die Entstehung der Spektrallinien bei den verschiedenen Atomen unter ein und denselben Gesichtspunkt bringt.

Zur Vermeidung der erwähnten Schwierigkeit, daß das Licht anscheinend nicht von allen bestrahlten Atomen gleichmäßig absorbiert wird, sondern nur einzelnen von diesen ein Quantum $h \cdot \nu$ zuführt, stellte EINSTEIN im Jahre 1905 seine berühmte Lichtquantentheorie auf. Nach dieser sollte die Energie in einem monochromatischen Lichtstrahl nicht, wie die klassische elektromagnetische Auffassung des Lichtes es verlangt, kontinuierlich im Raume verteilt sein, sondern sie sollte in kleinen „Lichtpartikelchen" konzentriert sein, von denen jedes eine Energiemenge $h \cdot \nu$ mit sich führt, und die sich mit Lichtgeschwindigkeit bewegen. Es ist klar, daß die Annahme dieser Lichtquanten gewisse Vorteile brachte; während man bei dem photoelektrischen Effekt vorher nicht verstehen konnte, wieso in aller Welt die wenigen austretenden Elektronen die große Energiemenge $h \cdot \nu$ aus den schwachen kontinuierlichen Lichtwellen in dem umgebenden Raume in sich gesaugt haben sollten, konnte man nun sagen, daß ein solches Elektron von einem Lichtquantum „getroffen" worden war und dessen Energie benutzt hatte, um sich in Bewegung zu setzen und das Metall zu verlassen.

Einem ähnlichen Falle, wie bei dem photoelektrischen Effekt, begegnen wir in der auf S. 66 erwähnten Ionisation eines Gases durch Röntgenstrahlen. Betrachten wir nämlich die Röntgenstrahlen als elektromagnetische Wellen von sehr großer Schwingungszahl, so ist die Elektronentheorie nicht imstande, zu erklären, wieso ein gewisser Bruchteil der Gasmoleküle es fertig bringt, so viel Energie einzusaugen, daß sie sich in geladene Ionen teilen können. Professor Bragg in England und andere vertraten daher lange Zeit hindurch die Auffassung, daß die Röntgenstrahlen keine Wellen seien, sondern in Wirklichkeit aus kleinen Partikelchen bestünden, die wahrscheinlich elektrisch neutral seien und sich mit großer Geschwindigkeit durch den Raum bewegten und die beim Zusammenstoß mit den Molekülen diese zerschlagen könnten. Ein solcher Standpunkt hatte offenbar viel für sich, solange die Wellennatur der Röntgenstrahlen nicht festgestellt war. Als diese indessen durch Laues Entdeckung im Jahre 1912 außer allen Zweifel gestellt wurde, sah man ein, daß hier eine Schwierigkeit von ganz gleicher Art vorlag wie die, auf welche Einstein 1905 gestoßen war.

Viele von den Anhängern der Lichtquantentheorie haben zeitweise den extremen Standpunkt zu vertreten gesucht, daß das Licht überhaupt keine Wellenbewegung sei, sondern eher als eine Korpuskularstrahlung, wie in Newtons Emissionstheorie des Lichtes (vgl. S. 29), aufzufassen sei; Einsteins Lichtquanten wären nichts anderes als Newtons Lichtkörperchen. Andere Physiker machten indessen mit Recht darauf aufmerksam, daß ein Aufgeben der Wellentheorie des Lichtes als eine logische Unmöglichkeit zu gelten habe: Was hätte es für einen Sinn, von einem Licht dieser oder jener Wellenlänge zu reden, ja wie könnte man überhaupt Wellenlängen messen, wenn man gleichzeitig die Realität der Wellen leugnen wollte? Dazu kämen unüberwindliche Schwierigkeiten bei der Deutung der Interferenzerscheinungen, wie überhaupt aller Erscheinungen, bei denen Licht und Stoff in Wechselwirkung treten, die einfachsten Erscheinungen wie Spiegelung und Brechung nicht ausgenommen.

Um zum Beispiel überhaupt zu verstehen, wie Gitterspektren zustande kommen können, müssen wir ein Zusammenwirken annehmen von Licht, das von den verschiedenen Spalten herrührt (vgl. Abb. 10, S. 40), und von einem solchen Zusammenwirken kann überhaupt keine Rede sein, wenn nicht alle Spalte Licht empfangen, das von demselben Atom herrührt. In einem Lichtbündel, das senkrecht auf ein Gitter einfällt, müssen wir, um die Interferenz zu verstehen, annehmen, daß in einem gegebenen Zeitpunkt der Schwingungszustand in allen Spalten derselbe ist; daß z. B. in jedem Spalte zur selben Zeit ein „Wellenberg" vorhanden ist (wenn wir einen Augenblick die bei Wasserwellen gebräuchliche Ausdrucksweise benutzen). Nur unter dieser Bedingung können an gewissen festen Stellen hinter dem Gitter — nämlich solchen, wo der Unterschied in den Abständen zu zwei aufeinanderfolgenden Spalten eine ganze Anzahl von Wellenlängen beträgt — ausnahmslos zu einem Zeitpunkte Wellenberge von allen Spalten anlangen und zu einem anderen Zeitpunkte Wellentäler (die klassische Erklärung der Wirkungsweise eines Gitters). Wollten wir uns aber vorstellen, daß einige Spalte von Lichtquanten, die von einem Atom herrühren, getroffen werden und andere wieder von Lichtquanten aus einem anderen Atom, so wäre es ein reiner Zufall, wenn gleichzeitig Wellenberge in allen Spalten aufträten, denn die verschiedenen Atome in einer Lichtquelle senden ihr Licht zu verschiedenen Zeitpunkten aus in einer Weise, die durch die Gesetze des Zufalls beherrscht wird. Ein Verständnis der beobachteten Wirkung eines Beugungsgitters schiene daher ausgeschlossen.

Ursprünglich, solange EINSTEINs photoelektrisches und photochemisches Gesetz noch nicht experimentell gesichert war, konnten solche Überlegungen geradezu Anlaß zu Zweifeln geben, ob die Quantentheorie eine gesunde physikalische Theorie sei. Einige Physiker waren geneigt, den photoelektrischen Effekt mit einer Art Explosion zu vergleichen, wobei irgendeine verborgene Energiequelle durch die Bestrahlung instand gesetzt wurde, ihre Energie den Photoelektronen mitzuteilen. Die Bestrahlung wirkte vielleicht wie ein Schlüssel, der die Energie aufschloß; „trigger action" war der englische Ausdruck für eine solche Auffassung. Viele Physiker waren und sind noch heute geneigt, einen abwartenden, dualistischen Standpunkt in bezug auf die Natur der Strahlung einzunehmen: Zum Verständns sämtlicher optischer Erscheinungen ist die Wellentheorie unentbehrlich; für ein Verständnis der Energieumsetzungen bei der Strahlung ist die Lichtquantentheorie unentbehrlich.

Einsteins Theorie der Wärmestrahlung.

Für Einstein ist der Lichtquantengedanke ein Leitstern bei mehreren interessanten und außerordentlich wichtigen Untersuchungen gewesen. In erster Linie soll hier eine Arbeit aus dem Jahre 1917 erwähnt werden, in welcher er zeigte, wie die Grundpostulate der Bohrschen Atomtheorie sich in natürlicher Weise zur Ableitung des Planckschen Gesetzes für die Energieverteilung in der Temperaturstrahlung anwenden ließen (vgl. S. 95). Obschon Planck selbst eine Ableitung dieses Gesetzes gegeben hatte, eine Ableitung, die ja der Ursprung der ganzen Quantentheorie gewesen war, war diese neue Theorie Einsteins keineswegs überflüssig, und es lohnt sich, ein wenig darauf einzugehen, warum dies der Fall war. Planck hatte nämlich, wie erwähnt, einerseits die Annahme gemacht, daß seine Oszillatoren ihren Energieinhalt nur sprungweise ändern könnten, und die Größe dieser Sprünge setzte er gleich $h \cdot \nu$. Andererseits aber hatte er gewisse Berechnungen darüber angestellt, wie diese Oszillatoren Licht, d. h. elektromagnetische Wellen, absorbieren und aussenden müßten, und hier konnte er unmöglich irgend etwas ausrichten, wenn er nicht als Grundlage für seine Rechnungen die Anschauungen der Elektronentheorie über Absorption und Emission von Licht benutzte, d. h. die oben erwähnten Anschauungen, nach denen die Elektronen in den Atomen in kontinuierlicher Weise Energie mit dem Strahlungsfelde austauschen. Es lag also ein deutlicher logischer Widerspruch vor. Einstein machte nun in dieser Arbeit von 1917 überhaupt keinen Versuch, in Einzelheiten zu beschreiben, wie die Wechselwirkung zwischen einem Atom und einem Strahlungsfelde vor sich geht. Er führte in genialer Weise einige allgemeine Aussagen über diese Wechselwirkung ein, die direkt an die Bohrschen Postulate anknüpften, und die wir an einem Beispiel aus der Theorie des Wasserstoffspektrums erläutern wollen. Wir denken uns ein Atom in seinem stationären Zustande Nr. 3

oder, wie man sich auszudrücken pflegt, in seinem dritten Quantenzustande. Da wird das Atom zwei verschiedene Sprünge zu einem Zustand mit niederer Energie ausführen können, nämlich in den zweiten und in den ersten Quantenzustand. Mit dem ersten dieser Sprünge ist die Aussendung der roten Spektrallinie H_α verknüpft, mit dem zweiten die Aussendung einer Spektrallinie, die im ultravioletten Teile des Spektrums liegt. Einstein sagt nun, daß das Atom in diesem dritten Zustande, wenn es von etwaigen äußeren Einwirkungen, wie Strahlung oder Stoß von anderen Atomen, vollständig abgesperrt ist, eine bestimmte Wahrscheinlichkeit besitzen wird, in den zweiten Zustand zu springen, und ebenso eine bestimmte Wahrscheinlichkeit, in den ersten Zustand zu springen. Die Größen dieser beiden Wahrscheinlichkeiten bezeichnet er mit den Symbolen A_{3-2} und A_{3-1}, welche folgendermaßen zu verstehen sind: Wenn wir zu einem gegebenen Zeitpunkte eine große Anzahl N von isolierten Wasserstoffatomen im dritten Zustande betrachten, so wird nach einem kleinen Zeitintervalle t die Anzahl von Atomen, die in den zweiten Zustand gesprungen sind, gleich $N \cdot A_{3-2} \cdot t$ sein und die Anzahl, die in den ersten Zustand gesprungen ist, gleich $N \cdot A_{3-1} \cdot t$ sein. Warum diese Atome herabgesprungen sind, darüber können wir nichts sagen; wir nehmen nur an, daß die Neigung zum Springen von dem genannten Wahrscheinlichkeitsgesetz beherrscht ist. Ob es wirklich ein Zufall war, daß zu einem gegebenen Zeitpunkte ein bestimmtes Atom herabgesprungen ist, oder ob dieser Sprung durch irgendeinen unbekannten Mechanismus veranlaßt ist, darüber kann Einstein aus guten Gründen sich nicht aussprechen; er erwähnt bloß, daß diese spontane Neigung zum Springen in gewisser Hinsicht eine Analogie zeigt mit den Verhältnissen, die nach der Auffassung der klassischen Elektronentheorie gelten, indem auch nach dieser ein Atom, in welchem ein Elektron irgendeine Art von schwingender Bewegung ausführt, spontan, d. h. ohne äußere Einwirkung, Energie infolge von Ausstrahlung verlieren wird. Auch die Absorption von Licht denkt Einstein sich von Wahrscheinlichkeitsgesetzen beherrscht; so wird das Wasserstoffatom, wenn es sich in seinem zweiten Zustande befindet, nicht von selbst in den dritten hinaufspringen können; sobald ich indessen das Atom mit rotem Licht bestrahle, das dieselbe Wellenlänge wie die H_α-Linie hat oder jedenfalls Strahlung dieser Wellenlänge enthält, wird das Atom eine Neigung oder Wahrscheinlichkeit erhalten, in den dritten Zustand hinaufzuspringen; diese Wahrscheinlichkeit ist um so größer, je stärker das Licht der Wellenlänge von H_α in dem einfallenden Lichte vertreten ist. Warum in jedem einzelnen Falle ein Atom gerade zu einem bestimmten Zeitpunkte hinaufgesprungen ist, darüber können wir vorläufig nichts aussagen.

Es sieht vielleicht aus, als ob EINSTEINS Aussagen von ziemlich abstrakter und vager Art seien; besonders da er sich auch nicht darüber ausspricht, wie groß diese Wahrscheinlichkeit in jedem einzelnen Falle sein soll. Immerhin haben diese Aussagen eine einfache Grundlage für eine klare Behandlung vieler Fragen abgegeben. Ein sehr wichtiges Ergebnis, zu dem EINSTEIN kam, können wir veranschaulichen, wenn wir an ein Wasserstoffatom in seinem dritten Zustande denken, welches überdies mit rotem Lichte von derselben Wellenlänge wie H_α bestrahlt wird. Infolge dieser Bestrahlung wird für das Atom, welches schon von vornherein eine Wahrscheinlichkeit besaß, spontan in den Zustand Nr. 2 zu springen, diese Wahrscheinlichkeit vergrößert, und diese Vergrößerung wird desto bedeutender, je stärker das bestrahlende Licht ist. Die Extraenergie, welche damit dem Strahlungsfelde zufällt, kommt dem bestrahlenden Lichte zugute; statt abgeschwächt zu werden, wie bei der gewöhnlichen Absorption, wird seine Intensität größer. Dieses bemerkenswerte Verhalten wird oft als die Einsteinsche „negative Absorption" bezeichnet. Es hat keine direkte Analogie in der klassischen Elektronentheorie.

Diese Annahmen EINSTEINS gestatten eine einfache Verknüpfung mit der Vorstellung von Lichtquanten. Man kann sich denken, daß bei einem spontanen Sprunge von Zustand 3 in Zustand 2 das Atom ein Lichtquantum mit der Energie $h \cdot \nu$ aussendet, wo ν die Schwingungszahl von H_α ist; fällt dagegen rotes Licht auf das Atom in seinem zweiten Zustande, so kann man sich denken, daß ein Sprung in den dritten Zustand dadurch verursacht ist, daß ein rotes Lichtquantum das Atom getroffen hat und von ihm aufgenommen ist. Eine weitere Stütze für eine solche Auffassung fand EINSTEIN in einem anderen wichtigen Ergebnis. Er konnte zeigen, daß jedesmal, wenn ein Atom einen spontanen Sprung von einem höheren Zustand in einen tieferen ausführte, das Atom gleichzeitig eine kleine Geschwindigkeitsänderung in irgendeiner Richtung erfahren mußte, die man am ehesten mit dem „Rückstoß" vergleichen kann, wie er beim Abfeuern einer Kanone auftritt. Diese Geschwindigkeitsänderung muß nämlich genau von der Art und Größe sein, wie sie sich ergeben würde, wenn ein Lichtquantum mit der Energie $h \cdot \nu$ und der Geschwindigkeit des Lichtes in irgendeiner Richtung aus dem Atom abgefeuert würde. Der entsprechende Vorgang bei der Absorption eines Lichtquantums besteht darin, daß ein Atom, das von einem Lichtquantum getroffen wird, in der Richtung der ursprünglichen Bewegung des Lichtquantums einen Stoß erhält. Diese Stöße entsprechen dem Umstande in der klassischen Elektronentheorie, daß Licht, das auf eine Oberfläche fällt und von dieser absorbiert wird, gleichzeitig einen kleinen Druck auf diese Oberfläche ausübt – den sog. Strahlungsdruck –, dessen Existenz von Maxwell vor vielen Jahren vorausgesagt und später von anderen durch Versuche bestätigt worden war.

Bohrs neue Auffassung der Grundpostulate.

Trotz der genannten und noch einer großen Anzahl anderer anscheinend überzeugender Bestätigungen der Lichtquantentheorie gibt es noch immer viele Physiker, die eine Auffassung der Quantentheorie und der Bohrschen Grundpostulate vorziehen, nach der dem Licht keine dualistische Natur — Wellen einerseits und konzentrierte Energiekorpuskeln andererseits — zugeschrieben wird, sondern wo das Licht, ähnlich wie man es in der klassischen Elektronentheorie gewohnt war, ausschließlich als kontinuierliche elektrische Wellenbewegung aufgefaßt wird, und wo die Energiequanten, wie ursprünglich bei Planck, lediglich in der Materie auftreten. Zu diesen Physikern zählt auch Bohr selbst, der kürzlich als Ergebnis einer Zusammenarbeit mit Kramers und Slater eine Auffassung von den Grundpostulaten der Quantentheorie vorgeschlagen hat, nach welcher der elektromagnetischen Strahlung im Raume keine neu hinzukommenden Eigenschaften von solcher Art, wie sie die Lichtquantentheorie annimmt, zugeschrieben werden. Typisch für diese Auffassung ist, daß das Gesetz von der Erhaltung der Energie nicht als grundsätzlich gültig angenommen wird, wenn es sich um Wechselwirkung zwischen Atom und Strahlung handelt. Man darf ja nicht vergessen, daß der Grund, der Einstein ursprünglich zu dem Vorschlag von Lichtquanten veranlaßt hatte, der Wunsch gewesen war, das genannte Prinzip aufrechterhalten zu können. Das Paradoxe bei dem photoelektrischen Effekt bestand nämlich darin, daß man nicht verstand, wieso die Elektronen die notwendige Energiemenge $h \cdot \nu$ aus dem Strahlungsfelde „zusammenkratzen" konnten; diese Schwierigkeit besteht aber nur, solange man die Auffassung vertritt, daß die Energie erhalten bleibt und daß sie in jedem einzelnen Augenblick auf irgendeine Weise im Raume angebracht sein muß. Nimmt man von dieser Auffassung Abstand, so fallen im gleichen Augenblick auch die Gründe weg, die sonst zu einem dualistischen Standpunkt bezüglich der Natur der Strahlung führen würden. Man muß beachten, daß das Aufgeben der Forderung von der Erhaltung der Energie bei Strahlungsprozessen nicht notwendig mit der Tatsache in Widerspruch steht, daß die Energie bei allen Erscheinungen, die direkt durch Versuche kontrolliert werden können, erhalten bleibt; denn man wird natürlich annehmen, daß das Gesetz für die Wechselwirkung zwischen Atom und Strahlung von solcher Art ist, daß sich die Energie i m M i t t e l k o n s t a n t hält, daß das Gesetz für die Erhaltung der Energie also als eine s t a t i s t i s c h e G e s e t z m ä ß i g k e i t anzusehen ist. Während in BOHRS neuer Auffassung die Strahlung ausschließlich als kontinuierliche elektrische Wellenbewegung beschrieben wird, werden die Sprünge zwischen den stationären Zuständen als durch Wahrscheinlichkeitsgesetze bedingt betrachtet, in engem Anschluß an EINSTEINS Auffassung.

Um die neue Auffassung näher zu veranschaulichen, wollen wir wieder ein Wasserstoffatom in seinem 3. Quantenzustande betrachten. Das Atom hat eine Wahrscheinlichkeit zur Ausführung der Sprünge 3—2 und 3—1, und diesen Sprüngen entsprechen zwei verschiedene Arten von Ausstrahlungen, deren Schwingungszahlen durch die auf S. 101 angegebene Formel bestimmt sind und die wir ν_{3-2} und ν_{3-1} nennen wollen. E s w i r d n u n a n g e n o m m e n, d a ß d a s A t o m d i e s e b e i d e n F r e q u e n z e n v o n d e m e r s t e n A u g e n b l i c k a n, w o e s s i c h i m d r i t t e n Z u s t a n d e b e f i n d e t, g l e i c h z e i t i g i n d e n u m g e b e n d e n R a u m a u s s t r a h l t; o h n e d a ß j e d o c h d a s A t o m w ä h r e n d d i e s e r A u s s t r a h l u n g s e i n e n e i g e n e n E n e r g i e i n h a l t ä n d e r t. Diese Ausstrahlung hört in dem Augenblicke auf, wo das Atom durch einen Sprung den dritten Zustand verlassen hat und entweder in den zweiten oder in den ersten Zustand übergegangen ist. Ist es in den zweiten

Zustand gesprungen, so wird es sofort anfangen, die Frequenz ν_{2-1} auszustrahlen, und diese Ausstrahlung dauert an, bis das Atom in den ersten Zustand gesprungen ist, den Normalzustand, in dem es nicht strahlen kann.

Man sieht, daß diese Aufassung eine Änderung im Wortlaut der Postulate erfordert; so besagt die auf S. 97 angegebene Formulierung der Postulate, daß das Atom z. B. in seinem zweiten stationären Zustand nicht strahlt, im Gegensatz zu dem, was man nach der klassischen Elektronentheorie von einem in Bewegung befindlichen Partikelchen erwarten würde, und daß eine Strahlung nur beim Übergang in den ersten Zustand auftritt; diese Strahlung soll dann monochromatisch sein und die Energie $h \cdot \nu$ besitzen. Nach der neuen Auffassung bleibt zwar die Strahlung mit der Schwingungszahl ν_{2-1} nach wie vor an die Möglichkeit eines Überganges in den ersten Zustand geknüpft, aber es wird angenommen, daß die Ausstrahlung während der ganzen Zeit stattfindet, in der sich das Atom im zweiten Zustande befindet. An die Stelle einer kontinuierlichen Zustandsänderung des Atoms während der Strahlung, wie man sie nach der klassischen Theorie erwarten würde, tritt die Wahrscheinlichkeit für eine diskontinuierliche Änderung, nämlich den Sprung in den ersten Zustand. Dieser Sprung kann in jedem beliebigen Augenblicke eintreten; in manchen Fällen geschieht er, noch ehe bei dem Atom eine Energiemenge $h \cdot \nu_{2-1}$ in Form von Strahlung aufgetreten ist, in anderen Fällen ist mehr als $h \cdot \nu_{2-1}$ aufgetreten, bevor das Atom springt. Nur für eine große Anzahl von Atomen im zweiten Zustande wird die vor dem Sprunge aufgetretene Strahlungsenergie im Mittel für jedes Atom gleich $h \cdot \nu_{2-1}$ sein, d. h. gleich seinem Energieverlust beim Sprunge. Was die Zeit betrifft, die der Sprung selbst braucht, so ist es am einfachsten, anzunehmen, daß diese sehr kurz ist im Verhältnis zu der Verweilzeit des Atoms in einem stationären Zustande, so daß der Sprung selbst die Strahlung nicht nennenswert beeinflußt. Befindet sich das Atom in seinem dritten Zustande, so wird es gleichzeitig die Schwingungszahlen ν_{3-2} und ν_{3-1} aussenden bis zu dem Augenblick, wo es entweder in den zweiten oder in den ersten Zustand springt. Dieser Umstand zeigt, daß die neue Auffassung sich der klassischen Elektronentheorie mehr nähert als die alte; die genannte gleichzeitige Aussendung zweier Schwingungszahlen hat ihr Gegenstück darin, daß ein Elektron, das sich in einer Ellipse bewegt, nach der klassischen Theorie gleichzeitig seinen Grundton und ersten Oberton aussendet (vgl. S. 90), während man früher annehmen mußte, daß die beiden Frequenzen durch verschiedene Übergangsprozesse in verschiedenen Atomen zustande kämen. Besonders vom Standpunkte des Korrespondenzprinzips ist es freudig zu begrüßen, daß die von dem einzelnen Atom ausgesandte Strahlung alle Schwingungszahlen enthält, welche möglichen Übergängen entsprechen; im Grenzgebiet für große Quantenzahlen wird nun nämlich die von der Quantentheorie geforderte Strahlung ganz kontinuierlich in die von der klassischen Theorie geforderte übergehen.

Ein Wort ist noch zu sagen über die Auffassung, welche die neue Theorie betreffs der Absorption von Strahlung mit sich bringt. Wenn Licht, welches die Schwingungszahl ν_{2-1} enthält, auf Atome in ihrem ersten Zustande fällt, werden alle Atome mitwirken, das einfallende Licht zu schwächen: Die Atome reagieren nämlich, soweit es das Strahlungsfeld betrifft, auf das einfallende Licht in ganz ähnlicher Weise, wie nach der klassischen Theorie Elektronen, die sich innerhalb von Atomen in ihrer Ruhelage befinden, auf einfallendes Licht reagieren würden. Im Gegensatz zu der klassischen Theorie vergrößern dagegen die Atome nicht ihren Energieinhalt kontinuierlich infolge dieser Lichtabsorption; denn dies wäre mit der Stabilität der stationären Zustände unvereinbar. Aber eben der Umstand, daß sie Licht absorbieren, induziert in jedem Atom eine Wahrscheinlichkeit, in den zweiten Quantenzustand zu springen, ebenso wie bei EINSTEINS Annahme. Diese Wahrscheinlichkeit ist von solcher Größe, daß für eine große Anzahl von Atomen die Energie, die innerhalb eines gewissen Zeitabschnittes aus dem Strahlungsfelde durch Absorption fortgenommen wird, sich in den Atomen wiederfindet, die durch Hinaufspringen in den zweiten Zustand ihren Energieinhalt vergrößert haben. Für den photoelektrischen Effekt will das also sagen, daß beim Auffallen von ultraviolettem Lichte der Schwingungszahl ν auf eine Metallplatte alle Elektronen in der Oberfläche auf dieses Licht absorbierend wirken, und daß infolge hiervon in jedem Elektron eine Wahrscheinlichkeit zur Aufnahme der Energiemenge $h \cdot \nu$ entsteht, welche Wahrscheinlichkeit derart ist, daß bei einigen wenigen von den vielen Elektronen diese Energiemenge tatsächlich auftritt und sie instand setzt, das Metall zu verlassen.

Wir wollen hier nicht darauf eingehen, wieso auch Erscheinungen wie die oben genannten Stöße und Rückstöße auf Atome, welche die Sprünge zu einem höheren oder tieferen Zustand begleiten, ihren natürlichen Platz in einer solchen Beschreibung finden, oder wie es sich mit der Beziehung zwischen Spiegelung, Brechung oder Farbenstreuung von Licht einerseits und der Theorie für die stationären Zustände und die Spektrallinien andererseits verhält. Nur auf einen wichtigen Punkt wollen wir noch aufmerksam machen: Man könnte den Verdacht hegen, daß der Unterschied zwischen einer Theorie, die Lichtquanten einführt, und einer Theorie, die sie nicht einführt, nur ein Unterschied in Worten ist, und daß beide Theorien letzten Endes genau dasselbe aussagen; die Strahlung selbst, könnte man sagen, ist nur eine theoretische Abstraktion, ebenso wie sie es in der klassischen Theorie war; das einzige, was man beobachten kann, sind die sog. „ponderomotorischen" Wirkungen der Strahlung, d. h. ihre Wirkung auf materielle Teilchen; und über diese Wirkungen — die Sprünge zwischen verschiedenen stationären Zuständen — sind sich beide Theorien doch einig. Eine solche Auffassung ist indessen nicht richtig; wohl wird von einem nennenswerten Unterschiede nicht die Rede sein, solange es sich um Erscheinungen handelt, an denen eine große Anzahl von Atomen teilhat, weil es in diesem Falle nur Mittelwerte sind, die man beobachtet. Sobald es sich dagegen um Versuche handelt, bei denen diskontinuierliche Zustandsänderungen in einzelnen, individuellen Atomen oder Atomteilen beobachtet werden können, tritt ein tiefer physikalischer Unterschied hervor. Wir wollen diesen Unterschied an folgendem Beispiel veranschaulichen: Wir denken uns einen Raum, in dem sich zwei Wasserstoffatome befinden, Nr. 1 im dritten Quantenzustand, Nr. 2 im ersten Quantenzustand. Nach der neuen Auffassung wird Nr. 1 in alle Richtungen des Raumes gleichzeitig eine Strahlung der Schwingungszahl ν_{3-2} und eine Strahlung der Schwingungszahl ν_{3-1} aussenden. Die Wellen streichen am Atom Nr. 2 vorbei, und für die Schwingungszahl ν_{3-1} werden sie von diesem Atom geschwächt, weil nämlich dieses Atom evtl. in den dritten Zustand heraufspringen kann, und diese Schwächung bringt es mit sich, daß das Atom eine gewisse Wahrscheinlichkeit zu einem solchen Sprung erhält. Wenn nun ein solcher Sprung nach einiger Zeit wirklich stattfindet, so kann dies dem Atom Nr. 1 an sich vollkommen gleichgültig sein. Atom Nr. 1 kann sehr gut noch einige Zeit im dritten Zustand verbleiben und, wenn es diesen endlich verläßt, kann es entweder in den ersten oder auch in den zweiten Zustand springen. Die einzelnen Sprünge, die bei etwas voneinander entfernten Atomen vorkommen, sind also nach der neuen Theorie unabhängige Prozesse. Stellen wir uns dagegen auf den Standpunkt der Lichtquantentheorie, d. h. der strengen Gültigkeit des Energieprinzips, so muß ein Sprung aus dem ersten in den dritten Zustand im Atom Nr. 2 notwendig an einen unmittelbar vorausgegangenen Sprung aus dem dritten in den ersten Zustand im Atom Nr. 1 geknüpft sein. Die Prozesse bei Atomen in einigem Abstande voneinander sind dann also miteinander gekoppelt. Es ist eine schwierige, aber sehr wichtige experimentelle Aufgabe, festzustellen, welche der beiden Möglichkeiten zutrifft, die Unabhängigkeit oder die Verknüpfung der Elementarprozesse, die durch Vermittlung der Strahlung zustande kommen; zur Zeit, da diese Zeilen geschrieben werden, liegt noch keine endgültige Antwort von seiten der Experimentatoren vor.

Die neue Auffassung der Postulate, die also Unabhängigkeit verlangt, ist noch keineswegs eine abgeschlossene Theorie; sie ist nur ein Versuch, ein wenig Licht in das große Dunkel unserer Unwissenheit über den Verlauf der Atomprozesse zu werfen, und sie ist vorläufig im wesentlichen als ein Arbeitsprogramm für die Theoretiker aufzufassen. Immerhin verlocken aber verschiedene ihrer Behauptungen zu einigen näheren Überlegungen. Erstens gibt der Umstand, daß die Sprünge zwischen zwei stationären Zuständen als von Wahrscheinlichkeitsgesetzen beherrscht gelten, Anlaß zu folgender Frage: Deutet dies darauf hin, daß es irgendeinen unbekannten Mikromechanismus gibt, der das Auftreten der Sprünge in eindeutig bestimmter Weise reguliert, d. h. hat jeder Sprung seine Ursache, oder gehören vielleicht die Wahrscheinlichkeitsgesetze zu der betrachteten Art von physikalischen Grundgesetzen, die sich nicht auf etwas Tieferliegendes zurückführen lassen? Ganz dieselbe Frage hat man sich übrigens schon gestellt, als die Gesetze für den radioaktiven Zerfall der Atomkerne bekannt wurden (vgl. S. 86). Die zweite Alternative würde offenbar dazu führen, daß der Verlauf der Naturerscheinungen grundsätzlich nicht durch den Zustand der Dinge in einem bestimmten Augenblick eindeutig bestimmt ist, d. h. daß das physikalische Kausalitätsgesetz in Wirklichkeit nicht gilt. Man soll sich hüten, eine solche Auffassung zu einer erkenntnistheoretischen Unmöglichkeit zu stempeln. Wohl hat die klassische Physik immer auf der Grundlage des Kausalitätsprinzipes gearbeitet, und wohl ist, wenn von Wahrscheinlichkeitsgesetzen die Rede war, wie z. B. bei der Theorie des Lotteriespiels oder der kinetischen Gastheorie, dies fast immer in dem Sinne gemeint gewesen, daß hinter diesen Wahrscheinlichkeitsgesetzen in Wirklichkeit kausal bestimmte Einzelprozesse steckten, deren Verfolgung im einzelnen zu schwierig war; aber man darf niemals vergessen, daß das Kausalitätsprinzip, wenn wir es als das Gesetz des eindeutigen Vorausbestimmtseins des Verlaufes physikalischer Erscheinungen auffassen, niemals eine logische Notwendigkeit gewesen ist, sondern vielmehr ein Erfahrungssatz, von dem man sich sehr wohl denken kann, daß er zusammenbricht, wenn es sich um Atomprozesse handelt. An Stelle von Gesetzen, die den Verlauf der Erscheinungen eindeutig vorausbestimmen, würden dann Wahrscheinlichkeitsgesetze treten, d. h. Gesetze, nach welchen bei der Frage nach dem Verlauf der Erscheinungen freie Wahl innerhalb eines bestimmten Gebietes, also eine Art Mehrdeutigkeit, besteht. Für den Augenblick ist es wohl eher eine Geschmackssache und bleibt es vielleicht immer, welche Alternative man vorzieht, eindeutige Kausalität oder Wahrscheinlichkeitsgesetze. Die getroffene Wahl berührt die Methoden der physikalischen Forschung viel weniger, als man vielleicht im ersten Augenblick glauben möchte.

Ein anderer wichtiger Gegenstand für Überlegungen ist die Frage nach dem Gesetz von der Erhaltung der Energie. Wenn man es auch nicht mit voller Sicherheit behaupten kann, so sieht es doch so aus, als ob BOHRS neue Auffassung von den Grundpostulaten der Quantentheorie fordert, daß das Energiegesetz nur ein statistisches Gesetz ist, sobald es sich um Wechselwirkung zwischen Atom und Strahlung handelt, und von diesem Gesichtspunkt aus ist die obige Darlegung auch geschrieben. Wenn wir eine ganz kleine Zahl von Atomen betrachten, werden danach die Abweichungen von der Erhaltung der Energie häufig so groß sein können, wie man nur will; nur wenn wir eine große Anzahl von

Atomen zur selben Zeit betrachten, gilt das Energiegesetz mit großer Annäherung. Eine äußerst wichtige Frage ist es nun, ob diese Annäherung so genau ist, daß wir bei unseren gewöhnlichen Experimenten niemals Abweichungen vom Energiegesetz feststellen können. In Anbetracht dessen, daß dieses Gesetz nie etwas anderes war und auch nichts anderes sein kann als ein Erfahrungssatz, hat eine solche Frage zu allen Zeiten ihre Berechtigung gehabt; aber die neuen Anschauungen von der Wechselwirkung zwischen Licht und Stoff laden dazu ein, sie aufs neue einer ernsthaften Erörterung zu würdigen. Auch wenn die Zeit zu zwingenden Schlußfolgerungen noch kaum gekommen ist, so muß man doch schon jetzt die Möglichkeit ins Auge fassen, daß die Abweichungen vom Energiegesetz die allergrößte Bedeutung für den Haushalt der Welt haben könnten. So könnten gewisse Betrachtungen darauf hindeuten, daß auf so große physikalische Systeme wie die warmen Sterne, wo neben anderen Energieformen die Strahlung offenbar eine so große Rolle spielt, das Energieprinzip nicht ohne weiteres anwendbar ist, sondern daß dort fortwährend sozusagen eine spontane Erzeugung von Energie stattfindet, die dazu beitragen kann, die kolossale Energieausstrahlung der Sterne in den Weltenraum aufrechtzuerhalten. Ob ein solcher Gedanke reine Phantasie ist oder ein Körnchen Wahrheit enthalten kann, muß der Zukunft zu entscheiden überlassen bleiben.

Siebentes Kapitel

Verschiedene Anwendungen der Bohrschen Atomtheorie.

Einleitung.

Die Bohrsche Atomtheorie ist weder auf das Wasserstoffatom noch auf die Spektralerscheinungen beschränkt; ihr Gebiet greift viel weiter. Wie schon früher angedeutet, stellt sie sich letzten Endes die Aufgabe, die sämtlichen physikalischen und chemischen Eigenschaften aller Stoffe zu erklären mit Ausnahme der Eigenschaften, die wir auf S. 80 als Kerneigenschaften gekennzeichnet haben. Diese umfassende Aufgabe kann natürlich selbst in ihren Hauptzügen nur Schritt für Schritt und durch Zusammenarbeit vieler Forscher gelöst werden, und es wäre ganz unmöglich, näher einzugehen auf die große Arbeit, die hier schon getan ist, und auf die Schwierigkeiten, die Bohr und andere nach und nach überwunden haben. Wir müssen uns damit begnügen, einzelne besonders wichtige oder bezeichnende Züge herauszugreifen.

Verschiedene Emissionsspektren.

Während das neutrale Wasserstoffatom lediglich aus einem positiven Kern und einem einzigen, um diesen kreisenden Elektron besteht, haben die anderen Grundstoffe ja im neutralen Zustande von 2 bis zu 92 Elektronen in dem um den Kern kreisenden Elektronensystem. Schon zwei Elektronen, wie beim Heliumatom, müssen die Lage viel verwickelter machen, indem wir hier ein System mit drei Körpern haben, die sich wechselseitig anziehen oder abstoßen; wir stehen hier, wie man in der Astronomie sagt, vor einem Dreikörperproblem, das von allen Mathematikern wegen seiner Schwierigkeit nur mit Ehrfurcht genannt wird. In der Astronomie treten die Schwierigkeiten jedoch ganz außerordentlich zurück, wenn die Masse des einen Körpers erheblich größer ist als die der anderen, wie es bei der Masse der Sonne im Verhältnis zu der der Planeten der Fall ist. Man hat dann verhältnismäßig einfache Methoden, um die Bewegung mit großer Annäherung zu berechnen, selbst wenn es sich nicht um zwei, sondern um viele Planeten handelt.

Man könnte nun glauben, daß wir es bei dem Atom mit solchen verhältnismäßig einfach zu behandelnden Systemen zu tun hätten — Sonnensystemen im kleinen —, da ja die Masse des Kernes erheblich größer ist als die der Elektronen; aber der eben gebrauchte Vergleich kann zwar die Stellung des Kernes als „Zentralkörper" des Systems, der mit seiner Anziehung die Elektronen zusammenhält, gut veranschaulichen, in anderer Hinsicht ist der Vergleich aber irreführend. Während die Planetenbahnen im Sonnensystem jede beliebige Entfernung von der Sonne haben können und die Planetenbewegung überall den Gesetzen der Mechanik gehorcht, sollen die Atomprozesse ja nach der Bohrschen Theorie durch gewisse stationäre Bahnen gekennzeichnet und nur auf diese die Gesetze der Mechanik anwendbar sein. Außerdem aber sind die Kräfte zwischen Kern und Elektronen, mit denen wir hier zu rechnen haben, nicht durch ihre Massen bestimmt, sondern durch ihre elektrischen Ladungen. Im Heliumatom ist die Ladung des Kernes nur doppelt so groß wie die des Elektrons, und die Anziehung des Kernes auf ein Elektron wird daher nur doppelt so groß sein wie die Abstoßung zwischen zwei Elektronen in demselben Abstande; diese Abstoßung muß also unter diesen Umständen in höchstem Grade mitbestimmend für die Bewegung sein. Bei Grundstoffen mit höherer Atomnummer hat die Kernladung freilich größeres Übergewicht über die Elektronenladung; aber dafür sind hier auch mehr Elektronen da. Die Lage wird jedenfalls in ganz anderem Grade verwickelt als beim Wasserstoffatom.

Nichtsdestoweniger zeigen jedoch die Linienspektren der Elemente mit höherer Atomnummer, in denen die Linien, wie beim Wasserstoffspektrum, wenn auch in etwas verwickelterer Weise, in Serien angeordnet sind, daß jedenfalls eine große Ähnlichkeit besteht zwischen der Ausstrahlung aus dem Wasserstoffatom und der aus verwickelteren Atomen.

Erstens kann man auch bei den Linienspektren anderer Grundstoffe ebenso wie beim Wasserstoff die Schwingungszahl ν ausdrücken als Differenz zwischen zwei Termen, in denen gewisse ganze

Zahlen vorkommen, die eine Reihe von Werten durchlaufen können; und wenn man je zwei solcher Terme kombiniert, so kann man daraus die Zahlenwerte von ν ableiten, die den verschiedenen Spektrallinien entsprechen. Dieses von dem Schweizer Physiker RITZ aufgestellte sog. Kombinationsprinzip kann offenbar in vollem Umfange auf Grundlage der Bohrschen Postulate gedeutet werden, indem man annimmt, daß die verschiedenen Kombinationen bestimmten Atomprozessen entsprechen, bei denen ein Übergang zwischen zwei stationären Zuständen stattfindet.

Ferner können die Terme, wie auf S. 51 erwähnt, oft angenähert auf die sog. Rydbergsche Form

$$\frac{K}{(n-\alpha)^2}$$

gebracht werden, wo K ungefähr denselben Wert hat wie beim Wasserstoff und α eine Reihe von Werten $\alpha_1, \alpha_2, \ldots, \alpha_k$ durchlaufen kann. Indem wir so die verschiedenen Linien dadurch ausdrücken können, daß wir in jedem Term jeder der ganzen Zahlen n und k einen bestimmten Wert zuerteilen, haben wir in dieser Hinsicht eine ähnliche Sachlage wie bei der Feinstruktur des Wasserstoffspektrums, wo die Linien durch Hauptquantenzahlen und Nebenquantenzahlen bestimmt sind. Die Spektren, von denen hier die Rede ist und für die die Terme die oben angegebene Form haben, werden oft als Bogenspektren bezeichnet, weil sie besonders von Licht aus dem elektrischen Lichtbogen oder aus Entladungsröhren gebildet werden. Man kann erwarten, daß die Ähnlichkeit zwischen Wasserstoff und anderen Grundstoffen, die hier in dem Verteilungsgesetz der Spektrallinien zutage tritt, einer Ähnlichkeit in den zugrunde liegenden Atomprozessen entspricht.

Das Wasserstoffatom sandte ja Strahlung entsprechend den verschiedenen Spektrallinien aus, indem das Elektron aus einer äußeren stationären Bahn in größeren oder kleineren „Sprüngen" auf Bahnen mit niederer Nummer überging und endlich auf der innersten Bahn in einem Endzustande landete, wo die Energie des Atoms so klein wie möglich war. Ähnlich muß man auch annehmen, daß Elektronen in anderen Atomen unter Strahlungsprozessen sich dem Kern nähern, bis sie so dicht wie möglich um den Kern versammelt sind, was dann den Normalzustand des Atoms bedeutet, wo sein Energieinhalt so klein wie möglich ist. Man kann diesen

Vorgang als „Einfangung" von Elektronen durch den Kern bezeichnen. Dem Raumgebiet, welches im „Normalzustande" das ganze Elektronensystem in sich schließt, muß man dieselbe Größenordnung zuschreiben wie den Atom- und Molekülgrößen, die aus der kinetischen Gastheorie abgeleitet wurden. Man könnte den Normalzustand auch als einen „Schlummerzustand" bezeichnen, da das Atom in ihm keine Strahlung aussenden kann, bevor es nicht durch Energiezufuhr von außen „erweckt" ist; dieser Erweckungsprozeß besteht darin, daß ein Elektron (oder mehrere) auf irgendeine Weise aus seinem Ruhezustande herausgerissen und auf eine stationäre Bahn von größerem Kernabstande gebracht oder ganz aus dem Atom entfernt wird. Es können aber nicht alle Elektronen mit gleicher Leichtigkeit aus dem Schlummer gerissen werden; diejenigen, die in kleinen Bahnen in der Nähe des Kernes sich bewegen, müssen fester gebunden sein als die, die in größeren Bahnen weit draußen kreisen; bei einem Atom mit einem Elektronensystem von vielen Elektronen muß man sich denken, daß im Normalzustande die Bahnen der einen näher, die der anderen ferner vom Kerne sind. Die oben erwähnten „Bogenspektren" kommen nun gerade dadurch zustande, daß eines der alleräußersten (am „lockersten gebundenen") Elektronen in eine noch weiter vom Kern entfernte Bahn herausgeschlagen wird und von dort wieder nach innen strebt. Ist das Elektron ganz fortgerissen, so wird der Rest des Atoms, der durch den Verlust des negativen Elektrons zu einem positiv elektrischen Ion geworden ist, leicht ein anderes Elektron einfangen, welches dann unter Strahlungsaussendung sich dem Kern weiter nähern kann.

Wir wollen nun zunächst annehmen, daß das strahlende Elektron sich in so großer Entfernung vom Kern und den übrigen Elektronen bewege, daß dieses ganze innere System als ein Punkt betrachtet werden kann: dann ist die Sachlage ganz, als ob wir es mit einem Wasserstoffatom zu tun hätten. Ist die Atomnummer z. B. 29 (Kupfer), so wird die Kernladung aus 29 positiven Elementarquanten bestehen; aber da 28 Elektronen in dem inneren System zurückgeblieben sind, so repräsentiert dieses nach außen hin nur ein positives Elementarquantum, wie ein Wasserstoffkern. Das ferne Elektron kann keinen Unterschied merken, und die Spektrallinien, die es durch Sprünge draußen in der Ferne aussendet, werden praktisch Wasserstofflinien sein; aber da bei

Sprüngen zwischen diesen fernen Bahnen nur sehr kleine Energiequanten abgegeben werden, werden die Schwingungszahlen sehr
klein, die Wellenlängen sehr groß, d. h. die betreffende Linie liegt
weit draußen im Ultrarot.

Wenn das Elektron aber sich dem Kern so weit genähert hat, daß
die Abstände in dem inneren System nicht mehr als klein im
Verhältnis zu dem Abstande des äußeren Elektrons vom Kerne
gelten können, so ist die Lage anders. Die Kraft, die von dem
Kern und den inneren Elektronen zusammen auf unser Elektron
wirkt, wird dann merkbar von einer, dem Quadrat der Entfernung
umgekehrt proportionalen, Anziehung einer punktförmigen Ladung
abweichen. Die Folge davon ist, daß die große Achse der Ellipse
des Elektrons, wie auf S. 116 beschrieben, langsam in der Bahnebene rotiert; und wenn auch die Ursache eine andere ist, so ist
doch der Erfolg ein ähnlicher, nämlich daß wir außer einer Hauptquantenzahl n eine Nebenquantenzahl k und eine dementsprechende
Linienverteilung bei dem Übergang erhalten. Kommt das Elektron

noch näher, so wird
seine Bewegung noch
verwickelter; wenn
das Elektron die
größte Kernnähe seines Umlaufes erreicht, so kann es in
das Gebiet der inneren Elektronen eindringen, und wir erhalten dann solche
Bewegungen, wie sie
in Abb. 30 für das
äußerste der 11 Elektronen des Natriums
dargestellt ist. Der
innere punktierte
Kreis gibt die Grenze
für das innere System,

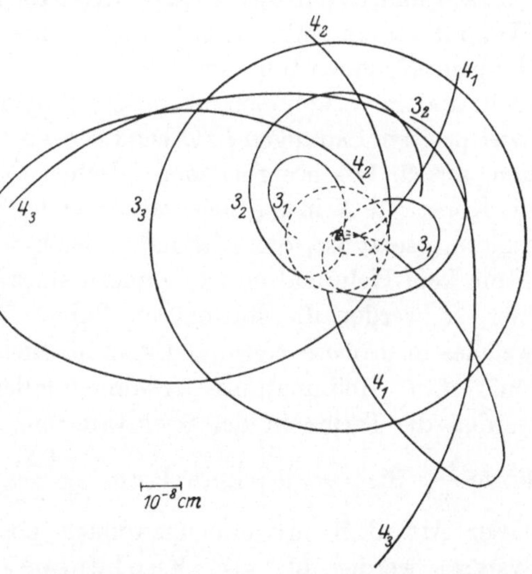

Abb. 30. Verschiedene der stationären Bahnen, welche
das äußerste (11.) Elektron des Natriums beschreiben kann.

das von dem Kern und den 10 Elektronen gebildet wird, die friedlich in ihrem „Schlummerzustand" geblieben sind — wenn auch
etwas gestört durch das unruhige Nr. 11. Auf der Abbildung kann

man größere oder kleinere Teile von den verschiedenen stationären Bahnen von Nr. 11 mit den Hauptquantenzahlen 3 und 4 erkennen. Wir wollen die verschiedenen Bahnen und die beim Übergange zwischen ihnen entstehenden Spektrallinien nicht näher erklären, sondern nur erwähnen, daß die augenfällige gelbe Natriumlinie, die der Fraunhoferschen D-Linie entspricht (S. 42), durch den Übergang $3_2 - 3_1$ zustande kommt, also zwischen zwei Bahnen mit derselben Hauptquantenzahl, während die schwache gelbgrüne Linie auf der kurzwelligen Seite von der D-Linie (s. Abb. 11) dem Übergang $4_3 - 3_2$ entspricht. Die Zeichnung gibt einigen Begriff davon, wie weitgehend man schon viele Einzelheiten bei den Atomprozessen erklären kann. Die Theorie kann sogar eine natürliche Erklärung dafür geben, daß die D-Linie eine Doppellinie ist.

Wir haben uns hier an den Fall gehalten, daß nur ein einziges Elektron aus dem Normalzustande herausgerissen ist; es kann nun aber auch vorkommen, daß zwei Elektronen aus dem Atom herausgerissen sind, so daß dieses ein positives Ion mit zwei Ladungen wird. Wenn dann ein eingefangenes Elektron sich aus der Ferne diesem doppelt geladenen Ion nähert, so wird es ihm in großer Entfernung nicht anders vorkommen, als ob das Ion ein Heliumkern sei, der ja zwei positive Ladungen hat. Die Lage wird m. a. W. ebenso wie bei dem auf S. 114 besprochenen falschen Wasserstoffspektrum, wo die Konstante K in der Spektralformel des Wasserstoffes durch eine andere ersetzt ist, die sehr nahe gleich $4\,K$ ist. Wenn aber das Atom kein Heliumatom ist, sondern eines mit höherer Atomnummer, so werden die stationären Bahnen des äußeren Elektrons, welches in größere Kernnähe kommt, nicht genau mit denen des ionisierten Heliumatoms zusammenfallen, und entsprechend werden die Terme in der Spektralformel an Stelle der einfachen Form $\dfrac{4\,K}{n^2}$ die verwickeltere Form $\dfrac{4\,K}{(n-\alpha^2)}$ annehmen. Spektren dieser Art (d. h. mit einem zweifach positiv geladenen inneren System) werden oft als „Funkenspektren" bezeichnet, da sie besonders stark bei elektrischen Funken auftreten. Sie kommen aber auch bei Entladungsröhren vor, wenn in dem Stromkreis irgendwo eine Funkenstrecke eingeschaltet ist, wobei die Entladung im Rohre in einzelnen Stößen und stärker vor sich geht.

Viel kräftiger kann ein Atom mit vielen Elektronen aus seinem Schlummer geweckt werden, wenn ein Elektron tief im Innern des Atoms herausgerissen wird, z. B. durch ein fremdes, schnell fliegendes Elektron (ein Kathodenstrahlteilchen oder ein β-Teilchen aus Radium), welches durch das Atom hindurchfährt. Eine solche Invasion bewirkt eine ernstliche Störung in der guten Ordnung des Elektronensystems, und es erfolgt nun ein Wiederaufbau, bei dem eines der äußeren, lockerer gebundenen Elektronen an den Platz des inneren rückt. Bei den Übergängen, die hierbei stattfinden, werden verhältnismäßig sehr große Energiequanten abgegeben; die dabei ausgesandte Strahlung hat daher eine sehr hohe Schwingungszahl, d. h. es sind monochromatische Röntgenstrahlen, die hierbei ausgesandt werden. Da diese also ihren Ursprung in Vorgängen haben, die tief im Inneren des Atoms und nahe am Kern vor sich gehen, so kann man verstehen, daß die verschiedenen Grundstoffe verschiedene charakteristische, aber anderseits in der Form ähnliche Röntgenspektren geben, welche sehr wertvolle Aufschlüsse über den Bau des Elektronensystems und die Ladungszahl des Kernes geben können (vgl. S. 77).

Zwischen diesen Röntgenspektren und den vorher erwähnten Serienspektren liegen als Verbindungsglieder solche Spektren, die ausgesandt werden, wenn man Elektronen aus einer Gruppe im Atom herausschlägt, die nicht gerade zu den innersten Gruppen gehört, aber im Normalzustande auch nicht ganz außen liegt. Von diesen Spektren weiß man bisher experimentell noch sehr wenig, weil es sich hier um Spektrallinien handelt, deren Wellenlänge zwischen ca. 1,5 $\mu\mu$ und 100 $\mu\mu$ liegt. Strahlen mit diesen Wellenlängen werden ungemein leicht von allen möglichen Stoffen absorbiert, sie wirken auch sehr wenig auf photographische Platten, weil sie schon in der Gelatineschicht absorbiert werden, bevor sie Gelegenheit haben, auf die lichtempfindlichen Stoffe zu wirken. Doch kann man kaum bezweifeln, daß im Laufe einiger Jahre die Experimentierkunst so weit sein wird, daß auch dieses für die Atomtheorie so wichtige Spektralgebiet unseren Versuchen zugänglich wird. In besonderen Fällen sind so kleine Wellenlängen wie 20 $\mu\mu$ und noch kleiner von Millikan schon erhalten worden.

Von ganz anderer Art als die hier besprochenen Spektren sind die Bandenspektren. Sie entstehen meistens durch elektrische Entladungen durch nicht sehr stark verdünnte Gase, und sie beruhen nicht auf reinen Atomprozessen, sondern können als „Molekülspektren" bezeichnet werden. Ihr besonderer Charakter beruht nämlich auf Bewegungen im Molekül, und zwar nicht nur auf Bewegungen der Elektronen, sondern auch Schwingungen der Kerne gegeneinander und ihrer Rotation umeinander. Wir wollen hier nicht auf diese Fragen eingehen, obgleich die Quantentheorie der Bandenspektren schon verheißungsvolle Erfolge aufweisen kann; im folgenden werden wir eine gewisse Art von Bandenspektren im Zusammenhange mit der Absorption von Strahlung etwas näher betrachten.

Während die Bandenspektren mit stark auflösenden Spektroskopen sich mehr oder weniger in Linien auflösen lassen, ist dies gar nicht mehr der Fall bei den kontinuierlichen Spektren. Diese werden nicht nur von glühenden festen Körpern ausgesandt, wie früher besprochen (S. 39), sondern auch viele Gase senden, wenn sie elektrischen Entladungen ausgesetzt werden, außer Linien- und Bandenspektren noch kontinuierliche Spektren aus, welche in gewissen Gebieten des Spektrums den Untergrund für etwaige heller hervortretende Linien bilden. Es könnte vielleicht scheinen, daß dies mit der Bohrschen Theorie nicht vereinbar sei; aber in Wirklichkeit verlangt die Theorie nicht, daß ein Spektrum immer aus scharfen Linien bestehen muß. Dies erhellt sofort aus dem Korrespondenzprinzip. Wenn die Bewegungen in den stationären Zuständen von solcher Art sind, daß sie sich in eine Reihe von einzelnen harmonischen Schwingungen auflösen lassen, von denen jede ihre eigene Periode hat (z. B. die Bahn eines Elektrons auf einer rotierenden Ellipse [vgl. S. 118]), dann entstehen nach dem Korrespondenzprinzip bei dem Übergang zwischen zwei solchen stationären Zuständen scharfe Spektrallinien, die mit diesen harmonischen Komponenten „korrespondieren". Aber nicht alle Bewegungen in Atomsystemen lassen sich so in eine Anzahl bestimmter, harmonischer Oszillationen auflösen; wenn dies nicht möglich ist, so kann man nicht erwarten, daß die stationären Zustände derart sind, daß die Übergänge zwischen ihnen eine Strahlung hervorbringen, die sich in scharfe Linien auflösen läßt. Ein einfaches Beispiel, wo man unmittelbarer versteht, daß die Bohrsche Theorie nicht zu scharfen Linien führt, kann man sogar aus ganz einfachen Verhältnissen beim Wasserstoffatom entnehmen. Wir wollen die zur Balmer-Serie gehörenden Linien betrachten, welche ja dadurch entstehen, daß das Elektron in die Bahn Nr. 2 übergeht aus einer Bahn mit höherer Atomnummer, also größerer Entfernung vom Kerne. Wir erhalten hier, wie früher gezeigt, eine obere Grenze für die Schwingungszahl entsprechend einer Bahnnummer „unendlich" für die äußere Bahn, was in Wirklichkeit sagen will, daß das Elektron in einem einzigen Sprunge nach innen kommt aus einer Entfernung, wo die Anziehung des Kernes verschwindend gering ist. Die hierbei freiwerdende Energie ist dieselbe wie die „Abtrennungsarbeit" A_2, die erforderlich ist, um das Elektron aus Bahn Nr. 2 „ganz" aus dem Atom zu entfernen. Hierbei ist aber vorausgesetzt, daß im ersten Falle unser Elektron draußen in der Ferne in Ruhe war; wenn dagegen das eingefangene Elektron schon von vornherein eine gewisse Geschwindigkeit hatte, so hatte es auch eine dementsprechende Bewegungsenergie A, und wenn es nun durch einen Sprung aus der Ferne in die Bahn Nr. 2 übergeht, so muß die Energie, die das Elektron verliert und die in Form von Strahlung ausgesandt wird, die Summe der Abtrennungsarbeit A_2 und der ursprünglichen Bewegungsenergie A des Elektrons sein; damit wird die Schwingungszahl ν größer, als es A_2 entspricht, und da die ursprüngliche Geschwindigkeit des Elektrons nicht an bestimmte Werte gebunden ist, so ist es ν auch nicht. Die Strahlung von einer großen Menge Wasserstoffatomen, welche gerade Elektronen auf diese Weise einfangen, wird daher im Spektrum nicht in bestimmten Linien gesammelt, sondern über eine Strecke verteilt, welche jenseits der nach der Balmer-Formel ausgerechneten Grenze im Ultraviolett liegt; aber dieses kontinuierliche Spektrum gehört doch gewissermaßen mit zur Balmer-Serie. In dem Spektrum gewisser Sterne hat man wirklich eine kontinuierliche Strahlung beobachtet, welche jenseits der Grenze der Balmer-Serie liegt und diese gewissermaßen fortsetzt.

Ein kontinuierliches Spektrum der hier betrachteten Art kann nun nicht nur als Emissionsspektrum, sondern auch als Absorptionsspektrum auftreten. Letzteres entspricht der Absorption von Strahlung bei Sprüngen des Wasserstoffatoms aus seinem zweiten stationären Zustande in Zustände, bei welchen das Elektron frei ist und das Atom mit einer gewissen endgültigen Geschwindigkeit verläßt. Wenn die absorbierte Strahlung monochromatisch ist mit der Frequenz ν, so wird diese Geschwindigkeit einen Wert bekommen, der einem Energiegewinn des Atoms von $h \cdot \nu$ entspricht. Dieser Fall hat daher große Ähnlichkeit mit dem Vorgang bei dem photoelektrischen Effekt (vgl. S. 126), wo Elektronen, die ursprünglich in dem Metall gebunden waren, unter der Wirkung des einfallenden Lichtes frei gemacht werden und eine endgültige Geschwindigkeit erlangen.

Auch die Röntgenstrahlen, welche meistens in der Medizin benutzt werden, haben alle möglichen Schwingungszahlen nebeneinander. Sie entstehen nämlich dadurch, daß einzelne von den Elektronen, die in dem Röntgenrohre die Atome der Antikathode treffen und mit großer Geschwindigkeit tief in diese eindringen, ihre Geschwindigkeit großenteils oder ganz verlieren, ohne ein inneres Elektron herauszuschlagen. Die verlorene Bewegungsenergie geht dann in Strahlung über. Diese Bemerkungen können genügen, um verständlich zu machen, daß z. B. auch die Strahlung von einem glühenden festen Körper, wo das Wechselspiel der Atome sehr verwickelt ist, ein kontinuierliches Spektrum geben kann.

Elektronenstöße.

Die auf S. 144 erwähnte „Erweckung" oder „Anregung" von Atomen im Normalzustande, bei der eines der Elektronen in eine weiter außen gelegene stationäre Bahn herausgeholt wird, kann von einem fremden Elektron bewirkt werden, welches das Atom trifft. Eine Untersuchung der Zusammenstöße zwischen Atomen und freien Elektronen ist daher von der größten Bedeutung bei der näheren Untersuchung der Bedingungen, unter denen die Linienspektren entstehen. Solche Untersuchungen kann man ausführen, wenn man freien Elektronen bestimmte Geschwindigkeiten erteilt, indem man sie ein elektrisches Feld durchlaufen läßt, wo der Spannungsabfall oder die Potentialdifferenz auf der von den Elektronen durchlaufenen Strecke bekannt ist. Wenn ein Elektron eine Strecke durchläuft, zwischen deren Enden eine Potentialdifferenz von 1 Volt (der üblichen technischen Einheit) herrscht, so nimmt die kinetische Energie des Elektrons infolge der beschleunigenden Wirkung der elektrischen Kraft um einen ganz bestimmten Betrag zu, nämlich um $1,6 \cdot 10^{-12}$ Erg. War seine Anfangsgeschwindigkeit Null, so ist sie nach dem Durchgang durch dieses Feld gleich 600 km/Sek.; wäre die Potentialdifferenz 4 Volt, 9 Volt usw., so würde die von den Elektronen erreichte Geschwindigkeit 2-, 3- ...

usw. mal größer werden. Der Kürze halber können wir sagen, daß
die kinetische Energie eines Elektrons z. B. 15 Volt betrage, womit
wir meinen, daß es dieselbe kinetische Energie hat, die das Durchlaufen einer Potentialdifferenz von 15 Volt ihm erteilen würde.
Im Jahre 1913 begann der deutsche Physiker FRANCK eine Reihe
von Untersuchungen nach neuen Methoden, die es ermöglichten,
die Geschwindigkeit der Elektronen genau zu regulieren und zu
messen und damit ihre Bewegungsenergie vor und nach ihrem Zusammenstoß mit Atomen zu bestimmen. Er wandte seine Methode
zuerst auf Quecksilberdampf an, wo die Verhältnisse besonders
einfach sind. unter anderem weil die Moleküle des Quecksilber-
dampfes nur aus einem Atom bestehen. FRANCK bombardierte nun
Quecksilberdampf mit Elektronen, die alle die gleiche Geschwindigkeit hatten. Es zeigte sich hier, daß, falls die Bewegungsenergie
der Elektronen kleiner als 4,9 Volt war, ihre Zusammenstöße mit
den Quecksilberatomen vollkommen elastisch waren, d. h. es
konnte wohl die Bewegungsrichtung der Elektronen durch die
Stöße geändert werden, aber ihre Geschwindigkeit blieb unverändert. Wurde dagegen die Geschwindigkeit so weit vergrößert, daß
die Energie der Elektronen höher als 4,9 Volt war, so trat eine
plötzliche gänzliche Veränderung der Sachlage ein, indem nun viele
der Zusammenstöße vollkommen unelastisch waren, d. h. die
stoßenden Elektronen verloren ihre ganze Geschwindigkeit und
hatten also ihre ganze Bewegungsenergie an das Atom abgegeben.
Machte man die ursprüngliche Geschwindigkeit noch größer, so
daß die Bewegungsenergie der stoßenden Elektronen z. B. 6 Volt
war, so zeigte sich, daß bei den Zusammenstößen immer nur eine
Bewegungsenergie von 4,9 Volt verlorengehen konnte, indem die
Bewegungsenergie der Elektronen entweder unverändert blieb
oder auf 1.1 Volt herabgesetzt wurde (vgl. Abb. 31).
Diese bemerkenswerte Erscheinung ist aus der Bohrschen
Theorie zu verstehen, wenn man annimmt, daß zur Heraus-
beförderung des am lockersten gebundenen Elektrons im Quecksilberatom in die nächstäußere stationäre Bahn eine Energie von
4,9 Volt erforderlich ist, und daß demnach nach dem ersten Postulat eine kleinere Energie von dem Atom nicht aufgenommen werden
kann. Mit dem „Verstehen“ hat es freilich seine eigene Bewandt-
nis; denn wenn die Kräfte, die auf das freie Elektron wirken,
während es in das Elektronensystem des Quecksilbers eindringt,

nichts anderes wären als die gewöhnliche Abstoßung von dessen
Elektronen sowie die Anziehung von seinem Kern, so wäre das
Verhalten des stoßenden Elektrons aus den Gesetzen der Mechanik
schlechterdings nicht zu erklären. Aber was hier geschieht, steht
in Übereinstimmung mit der eigenartigen Stabilität der stationären Zustände, und BOHR hat vorausgesagt, daß es nicht anders
zu erwarten wäre.

Hier ist zu beachten, daß diese Theorie für die Stoßexperimente
grundsätzlich davon ausgeht, daß, wenn auch die Gesetze der

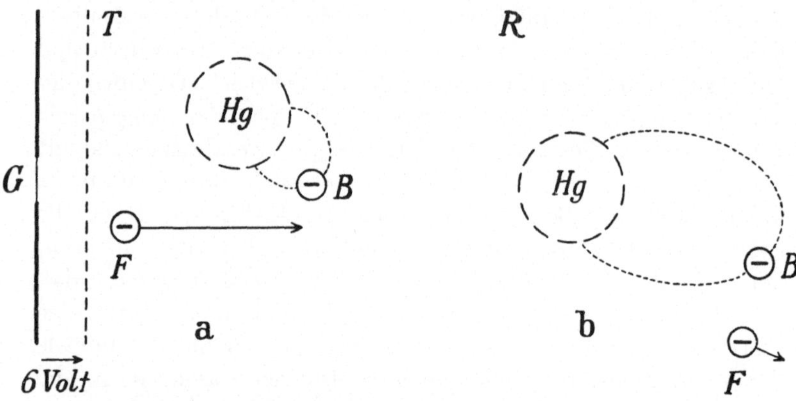

Abb. 31. Schematische Darstellung von FRANCKs Versuchen mit Elektronenstößen. *G* ist ein
glühender Metalldraht, der Elektronen aussendet. Wenn zwischen *G* und dem Drahtnetz *T*
eine Potentialdifferenz von 6 Volt herrscht, so treten die Elektronen mit großer Geschwindigkeit durch die Löcher des Netzes in den Raum *R* aus, wo sich Quecksilberdampf befindet.
a bedeutet ein freies Elektron und ein Quecksilberatom Hg vor dem Zusammenstoß, *b* dieselben nach dem Zusammenstoß; bei dem Zusammenstoß verliert *F* eine Bewegungsenergie
entsprechend 4,9 Volt; gleichzeitig geht ein gebundenes Elektron *B* in dem Atom in eine
höhere stationäre Bahn über.

Mechanik bei der Beschreibung der Vorgänge versagen mögen,
doch jedenfalls das Gesetz von der Erhaltung der Energie gültig
bleibt. Es wurde nämlich stillschweigend angenommen, daß die
während des Zusammenstoßes von dem einen zusammenstoßenden
System verlorene Energie sich in dem anderen wiederfindet. Die
Wichtigkeit dieses Punktes erhellt, wenn wir an die im vorigen
Kapitel dargelegten guten Gründe denken, die für die Ansicht
sprachen, daß die Energieumsetzungen in dem Atom, welche die
Emission und Absorption von Strahlung begleiten, von dem Prinzip von der Erhaltung der Energie abweichen. Wären die Stoß-
erscheinungen nicht im Einklang mit dem Energiegesetz zu er-

klären, so würden wir in ziemliche Verlegenheit darüber geraten, was mit dem Ausdruck „Energiegehalt eines Atoms in einem stationären Zustande" überhaupt gemeint ist, da Strahlung und Zusammenstöße praktisch die einzigen Mittel sind, um bleibende Änderungen im Zustande des Atoms herbeizuführen. — FRANCKS Versuche zeigten ferner, daß Quecksilberdampf, sobald die unelastischen Zusammenstöße auftreten, ultraviolettes Licht von bestimmter Wellenlänge, nämlich $253{,}7\,\mu\mu$ auszusenden beginnt. Das Produkt aus der Schwingungszahl ν dieses Lichtes und der Planckschen Konstante h stimmt genau überein mit dem Energiequantum, welches ein Elektron nach Durchmessen einer Potentialdifferenz von 4,9 Volt besitzt. Dies stimmt wieder zu dem, was nach der Bohrschen Theorie von der Strahlung zu erwarten ist, die mit der Rückkehr des losgerissenen Elektrons in den Normalzustand verknüpft sein würde; denn die Energie, welche es bei den zwei Übergängen das eine Mal aufnimmt, das andere Mal abgibt, soll ja $h \cdot \nu$ sein.

Da ein Elektron nicht nur in die nächste stationäre Bahn hinausgeführt werden kann, sondern auch in fernere (oder ganz abgetrennt werden kann) und dann in einem oder mehreren Sprüngen zurückkommen kann, so können offenbar noch verwickeltere Verhältnisse eintreten, über welche die Franckschen Versuche, welche nunmehr mit vielen anderen Stoffen als Quecksilberdampf ausgeführt sind, außerordentlich wertvolle Aufschlüsse geben. Beim Quecksilberdampf ergab sich, daß die Energie, die ein freies Elektron haben muß, um ein Elektron ganz vom Atom abzutrennen und letzteres in ein positives Ion zu verwandeln, einer Spannungsdifferenz von 10,8 Volt entspricht, ein Wert, den BOHR aus dem Spektrum vorausgesagt hatte. Wenn so die Franckschen Versuche in dieser und anderen Beziehungen die Bohrsche Theorie in der schönsten Weise bestätigt haben, so haben sie andererseits ihre weitere Entwicklung in hohem Grade gefördert; ja man kann sagen, daß sie eines der machtvollsten Hilfsmittel der Atomforschung bilden. Wenn auch die Spektroskopie noch größere Bedeutung hat, so machen doch die Untersuchungen über die Elektronenstöße die Realitäten in der Bohrschen Theorie in unmittelbarer und sozusagen handgreiflicher Weise der Beobachtung zugänglich.

Am allerschönsten und augenfälligsten treten die geschilderten Eigenheiten bei den Elektronenstößen übrigens in einer alten wohlbekannten Lichterscheinung zutage, nämlich in der Schichtenteilung des Lichtes in einem Entladungsrohr (Abb. 32).

Diese Schichtenteilung, die früher so unbegreiflich schien, hängt gerade zusammen mit der in der Atomtheorie so grundlegenden Tatsache, daß ein freies Elektron einem Atom keine Energie unter einem gewissen Quantum mitteilen kann. Man kann sich vorstellen, daß in dem nichtleuchtenden Zwischenraum zwischen

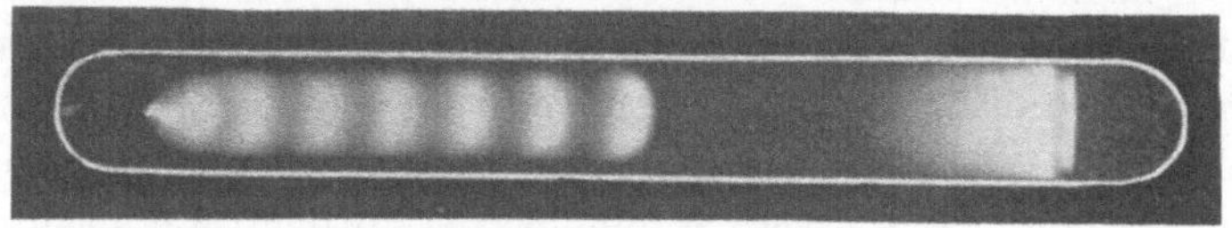

Abb. 32. Die Schichtenteilung des Lichtes in einem Entladungsrohr.

den leuchtenden Schichten die Elektronen jedesmal unter der Wirkung des äußeren elektrischen Feldes sich die Menge von kinetischer Energie wieder holen, die sie brauchen, um die Atome zum Leuchten zu bringen.

Wie erwähnt (S. 147), können Elektronenstöße auch „charakteristische" Röntgenstrahlung verursachen; aber um diese hervorzubringen, ist, wie schon angedeutet, viel größere Energie erforderlich. Hierzu müssen die Elektronen, welche diese Wirkung hervorbringen sollen, Gelegenheit haben, eine gewisse Strecke unter der Einwirkung eines verhältnismäßig starken elektrischen Feldes (mit tausend bis hunderttausend Volt Spannungsabfall) frei zu durchlaufen; diese Gelegenheit erhalten sie in stark ausgepumpten „Röntgenröhren", wo die Elektronen durch starke Spannung von der Kathode zur Antikathode getrieben werden, in deren Atome sie tief eindringen.

Absorption.

Nach dem zweiten Postulat kann eine Anregung des Atoms auch dadurch erreicht werden, daß man es einer äußeren Strahlung von geeigneter Schwingungszahl aussetzt. Wenn nämlich diese Schwingungszahl einen solchen Wert v hat, daß der Energiebetrag $h \cdot v$ gleich der Energie ist, die zur Überführung des Atoms in einen höheren stationären Zustand nötig ist, so wird das Atom imstande sein, die Intensität der einfallenden Strahlung zu verkleinern, d. h.

sie zu absorbieren, wobei es eine Wahrscheinlichkeit zum Sprunge in den genannten höheren Zustand erlangt. Ausgenommen hiervon sind nur solche Fälle, wo das Atom nicht imstande sein würde, freiwillig unter Aussendung von Strahlung dieser Schwingungszahl von diesem höheren Zustande in den niederen zurückzukehren. In diesem Falle würde der Übergang nicht zu denen gehören, die man „Strahlungsübergänge" nennen kann; er kann dann nur durch Zusammenstöße erreicht werden. Diese Gegenseitigkeit zwischen Emission und Absorption steht im Einklang mit dem, was wir auf S. 43 sagten, nämlich über den Zusammenhang zwischen den Linien in den Linienspektren eines Grundstoffes und den dunklen Absorptionslinien desselben Grundstoffes, z. B. den Fraunhoferschen Linien im Sonnenspektrum. Wir wollen als Beispiel die gelbe Natriumlinie, die D-Linie betrachten. Licht mit der entsprechenden Schwingungszahl $526 \cdot 10^{12}$ in der Sekunde wird von einem neutralen Atom ausgesandt, wenn das am lockersten gebundene Elektron von einer stationären Bahn mit der Quantennummer 3_2 in die Bahn 3_1 übergeht, welche zum Normalzustande des Natriumatoms gehört. Der entgegengesetzte Übergang von 3_1 zu 3_2 kann nur dann unter Strahlungsabsorption stattfinden, wenn in dem Lichte von einer anderen Lichtquelle, welches durch die Natriumatome hindurchgeht, sich Strahlen mit der Schwingungszahl $526 \cdot 10^{12}$ befinden. Auch wenn gleichzeitig große Mengen von Strahlungsenergie anderer Schwingungszahlen zugegen sind, kümmern sich die Natriumatome nicht um diese; sie nehmen nur Strahlen mit der angeführten Schwingungszahl auf, und jedesmal, wenn ein Atom Energie aus diesen entnimmt, ist es immer ein Energiequantum von der Größe $h \cdot \nu$, d. h. etwa $6{,}54 \cdot 10^{-27} \times 526 \cdot 10^{12} = 3.44 \cdot 10^{-12}$ Erg. Wenn eine große Zahl von Natriumatomen zugegen ist, wie z. B. bei der früher erwähnten gewöhnlichen Salzflamme, so kann der Übergang 3_1 nach 3_2 in dem einen Atom, der Übergang 3_2 nach 3_1 in anderen stattfinden; demnach kann gleichzeitig sowohl Absorption wie Ausstrahlung des betreffenden Lichtes erfolgen; ob die Absorption oder die Ausstrahlung zu einer gegebenen Zeit die Oberhand hat, hängt von den Versuchsbedingungen ab (Temperatur usw.).

Der Einfachheit halber haben wir hier stillschweigend vorausgesetzt, daß nur ein bestimmter Übergang aus dem Normalzustande stattfinden könne entsprechend der Annahme, daß das

Natriumspektrum keine anderen Linien als die D-Linie hätte; in Wirklichkeit ist das ja nicht der Fall, und es kann also unter geeigneten Bedingungen auch Absorption von Strahlen mit anderer Schwingungszahl auftreten, wenn diese nur irgendeinem möglichen Übergange im Natriumatom entsprechen. Wenn die Temperatur des Natriumdampfes genügend tief ist, in welchem Falle fast alle Atome im Normalzustande sind, so ist es klar, daß bei der Absorption nur diejenigen Linien auftreten, welche Übergängen aus dem Normalzustande entsprechen und die daher nur einen Teil aller Linien des Natriumspektrums ausmachen. Zum Beispiel werden die schwachen Linienpaare, die in Abb. 11 eingezeichnet sind, nicht absorbiert werden, weil alle diese Linien Übergängen nach dem 3_2-Zustand und nicht nach dem Normalzustand (3_1) des Atoms entsprechen. Wir erhalten so eine Erklärung für den früher rätselhaften Umstand, daß nicht alle Spektrallinien, welche als Emissionslinien auftreten, auch als Absorptionslinien gefunden werden. Andererseits erhalten wir bei Absorptionsversuchen wertvolle Aufschlüsse über die Struktur des Atoms über die hinaus, welche die Beobachtungen an Emissionsspektren geben können.

Interessante Erscheinungen können auf Grund der Tatsache entstehen, daß die Sprünge zwischen den stationären Zuständen des Atoms, wie wir wissen, bald in Einzelsprüngen, bald in doppelten und mehrfachen Sprüngen stattfinden, bei denen die dazwischengelegenen stationären Zustände übersprungen werden. Es kann dann offenbar vorkommen, daß z. B. die Absorption in einem Doppelsprung des Elektrons erfolgt, daß dieses aber in die ursprüngliche stationäre Bahn in zwei Einzelsprüngen zurückkehrt; die absorbierte Strahlungsenergie wird dann bei der Ausstrahlung mit zwei Schwingungszahlen wieder auftreten, welche ganz verschieden sind von der der absorbierten Strahlung (letztere wird in diesem Falle gleich der Summe der beiden anderen sein); wenn ein Grundstoff mit einer gewissen Art von Strahlen bestrahlt wird, kann er m. a. W. „als Antwort darauf" Strahlen von anderer Art aussenden. Solche Änderungen in Schwingungszahlen kennt man auch aus Beobachtungen, und sie bieten grundsätzlich eine Erklärung für die charakteristischen Erscheinungen, die man Fluorescenz nennt.

Wir haben uns bisher auf reine Atomprozesse beschränkt; aber ebenso, wie wir bei der Emission von Strahlung auf Spektren stoßen, die ihre Eigenart Molekülprozessen (Bandenspektren, vgl. S. 148) verdanken, so haben wir auch Absorptionsspektren, deren Eigentümlichkeiten im wesentlichen von Bewegungen der Atomkerne im Molekül herrühren. Ein besonders interessantes und lehrreiches Beispiel dieser Art finden wir im ultraroten Teil des Spektrums an gewissen breiten Absorptionslinien oder Absorptionsbändern, welche von Gasen mit mehratomigen Molekülen herrühren. Beim Chlorwasserstoff z. B. findet sich in der Gegend des Spektrums, die einer Wellenlänge um 3,5 μ herum entspricht, ein solches Absorptionsband, welches bei genauerer Untersuchung sich als aus einer großen Zahl von Absorptionslinien bestehend erwies. Die Erklärung für diese Linienansammlung ist in den Bewegungen zu suchen, die der Wasserstoffkern und der Chlorkern ausführen, indem sie teils gegeneinander hin und her schwingen, teils um ihren gemeinsamen Schwerpunkt rotieren. Ebenso wie für die Bewegungen der Elektronen im Atom gibt es auch für diese Kernbewegungen bestimmte stationäre Zustände; wenn das Molekül Strahlungsenergie aufnimmt, geht es von einem dieser Zustände in einen anderen über, wo der Energieinhalt größer ist, und diese Energieabsorption folgt der Quantenregel, d. h. das Produkt aus der Planckschen Konstante h und der Schwingungszahl ν der absorbierten Strahlung muß gleich sein der Energiedifferenz zwischen den beiden stationären Zuständen; nur die Strahlen, deren Schwingungszahl diese Bedingung erfüllen, können absorbiert werden.

Im Chlorwasserstoff von gewöhnlicher Temperatur sind weitaus die meisten Moleküle in Rotation (vgl. die Bemerkung auf S. 23), befinden sich also in einem der stationären Rotationszustände, während dagegen die Kerne, wie man annehmen muß, im allgemeinen relativ zueinander in Ruhe sind, d. h. ihren gegenseitigen Abstand nicht ändern.

In Abb. 33 bezeichnen H und Cl die

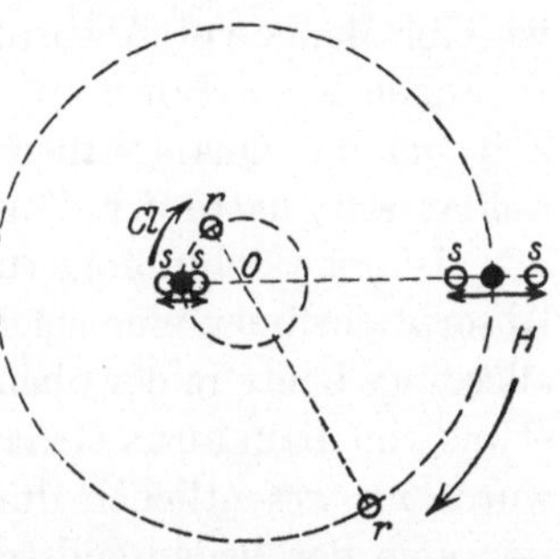

Abb. 33. Schematische Darstellung der möglichen Bewegungen bei einem Chlorwasserstoffmolekül. O ist der Schwerpunkt des Moleküls; die schwarzen Kreise geben die Gleichgewichtslagen der Kerne, die Kreise s ihre äußeren Schwingungslagen an, die Kreise r eine Stellung während der Rotation der Kerne.

Kreise, welche die beiden Kerne um ihren Schwerpunkt beschreiben, wobei jedoch zu bemerken ist, daß der Kreis des Wasserstoffes zu

klein im Verhältnis zu dem des Chlors gezeichnet ist. Werden nun
Wärmestrahlen von allen möglichen Wellenlängen um 3,5 μ herum
durch Chlorwasserstoff gesandt, so wird diejenige Strahlungsenergie absorbiert, welche teils die Kerne in Schwingungen gegeneinander versetzen, teils den Rotationszustand verändern kann. Wir
wollen zunächst annehmen, daß nur das erste geschieht; dann würden Strahlen mit der Wellenlänge 3,46 μ absorbiert werden, da
deren Schwingungszahl dem stationären Schwingungszustande
entspricht, in den das Molekül übergeht; diese Schwingungszahl
ist übrigens sehr nahe gleich der Schwingungszahl, mit der die
Kerne gegeneinander hin und her schwingen. In Wirklichkeit wird
gleichzeitig mit diesem Inschwingungsetzen der Kerne stets eine
Änderung im Rotationszustande eintreten — entweder eine Vergrößerung oder eine Verkleinerung der Rotationsgeschwindigkeit;
die absorbierte Energie und damit auch die Schwingungszahl der
absorbierten Strahlung wird dadurch etwas verändert, so daß wir
in dem Spektrum der durchgesandten Strahlen nicht eine Absorp-
tionslinie entsprechend 3,46 μ erhalten, sondern eine ein wenig
davon abliegende; da indessen viele stationäre Anfangszustände
der Rotation zur Auswahl vorliegen, und da in einigen Molekülen
der eine Übergang, in anderen ein anderer vor sich geht, so erhalten
wir eine Menge von Absorptionslinien auf beiden Seiten von 3,46 μ.

Schon bevor Bohr mit seiner Theorie hervortrat, also zu einer
Zeit, da die Quantentheorie in vielen Hinsichten noch äußerst
unklar war, hatte der dänische Chemiker Niels Bjerrum durch
scharfsinnige Schlußfolgerungen vorausgesagt, daß die ultraroten
Absorptionslinien eine solche Struktur haben müßten. Diese muß
allerdings heute in der oben genannten Weise gedeutet werden, die
etwas von Bjerrums Gedanken abweicht. Aber seine Voraussage
wurde im wesentlichen durch Untersuchungen bestätigt, und sie
war eine der bedeutendsten Bausteine bei der Entwicklung der
Quantentheorie vor 1913. Die erste, welche die Struktur der ultraroten Absorptionsbanden entdeckte, war die schwedische Physi-
kerin Eva von Bahr; ihre Versuche wurden später in bezeichnender
Weise erweitert; sie gestatten uns, den Abstand zwischen den zwei
Kernen in dem Molekül genau zu berechnen.

Man wird fragen, was aus der Energie wird, welche das Chlorwasserstoffmolekül so absorbiert, und ob sie notwendig früher oder
später als Strahlung wieder ausgesandt werden muß. Letzteres

ist nicht der Fall. Durch Zusammenstöße zwischen Molekülen kann zweifellos die Energie, welche ein Molekül (oder Atom) aus Strahlung aufgenommen hat, auf ein anderes Molekül übertragen werden, welches dadurch erhöhte Geschwindigkeit erhält. Die theoretische Notwendigkeit für das Auftreten solcher Zusammenstöße wurde zum erstenmal klar gezeigt in einer bedeutungsvollen Arbeit von zweien von BOHRS Schülern, dem Schweden KLEIN und dem Norweger ROSSELAND. Ohne Zusammenstöße solcher Art würde die absorbierte Strahlungsenergie nicht in Wärmeenergie übergehen können. Wir berühren hier ein großes und wichtiges Gebiet, das aufs engste zusammenhängt mit der Theorie für die chemischen Prozesse, und zu deren näherer Aufklärung neuere Versuche von FRANCK und seinen Mitarbeitern wichtige Beiträge geliefert haben.

Achtes Kapitel.

Der Atombau
und die chemischen Eigenschaften der Stoffe.

Wir haben uns bisher hauptsächlich an solche Anwendungen
der Bohrschen Theorie gehalten, welche direkt mit den Strahlungs-
vorgängen zusammenhängen. Wie fruchtbar sich nun die Theorie
auch erwiesen hat, in wie viele, bisher ganz rätselhafte Verhältnisse
sie hat Licht bringen können und wie mannigfache und genaue
Übereinstimmungen zwischen Beobachtungen und Theorie sie auf
diesen umfassenden Gebieten auch aufzuweisen hat, so muß man
doch noch außerdem von der Theorie verlangen, daß sie imstande
sei, das chemische Verhalten der verschiedenen Grundstoffe zu erklären. Schon 1913 hatte denn auch BOHR, gleichzeitig mit den
Untersuchungen über die Spektralerscheinungen, diese Frage auf-
gegriffen und auf interessante Möglichkeiten hingewiesen.

Die Vereinigung von Atomen zu Molekülen.

BOHR hatte damals unter anderem eine Hypothese über den
Bau des Wasserstoffmoleküls aufgestellt, die hier angeführt werden möge, weil sie an einem besonders einfachen Beispiel die Möglichkeit veranschaulicht, sich ein Bild von der Vereinigung zweier
neutraler Atome zu einem Molekül zu machen (vgl. S. 13—14).
In Abb. 34, a bezeichnen $K_1 E_1$ und $K_2 E_2$ zwei neutrale Wasserstoffatome, die sich mit paralleler Stellung ihrer Elektronenbahnen
einander nähern. Der Kern K_1 und das Elektron E_2 werden dann
einander anziehen und ebenso der Kern K_2 und das Elektron E_1.
Freilich werden die zwei Elektronen sich untereinander abstoßen
und ebenso die zwei Kerne; wenn aber die Elektronen, wie auf
der Zeichnung angedeutet, sich in entgegengesetzten Stellungen
ihres Umlaufes befinden, so wird zwischen den zwei Atomen die
Anziehung überwiegen. Die Berechnungen zeigen, daß es gehen muß

wie in Abb. 34, b, wo die Bahnen einander näher gekommen sind
als die Kerne. Endlich werden die beiden Bahnen zu einer einzigen
Bahn zusammenschmelzen, welche, wie in Abb. 34, c gezeigt, etwas
größer ist als jede der ursprünglichen Bahnen; die beiden Wasserstoffatome haben sich nun zu einem Molekül vereinigt, und in diesem, können wir sagen, halten die beiden auf dem gleichen Kreise
umlaufenden Elektronen durch ihre Anziehung auf die Kerne die
letzteren trotz ihrer gegenseitigen Abstoßung zusammen. — Heute
müssen wir freilich aus Gründen, auf die wir hier nicht eingehen

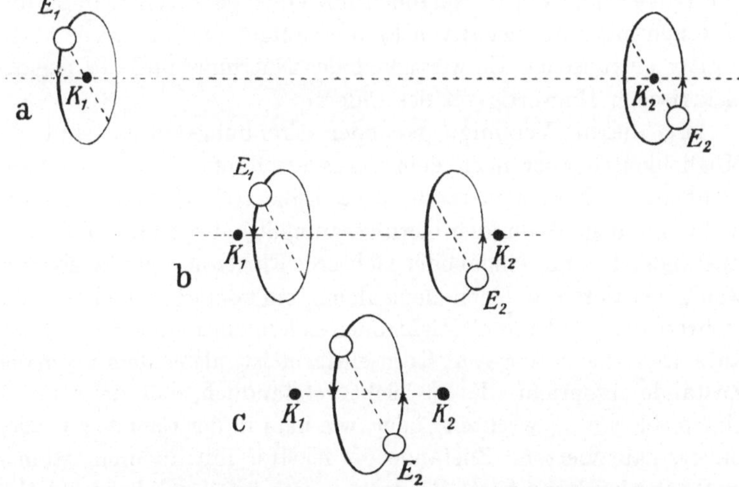

Abb. 34. Frühere Vorstellung von der Bildung des Wasserstoffmoleküls (BOHR 1913).

können, annehmen, daß das Wasserstoffmolekül etwas anders
gebaut ist. Wahrscheinlich werden die Elektronenbahnen sich
unter einem gewissen Winkel gegeneinander einstellen, aber Genaues
hierüber ist nicht bekannt.

Die Bildung eines Wasserstoffmoleküls kann man sich nun aber
auch dadurch veranlaßt denken, daß ein positives Wasserstoffion,
d. h. ein Wasserstoffkern, und ein negatives Wasserstoffion, d. h.
ein Wasserstoffkern, der von zwei Elektronen umkreist wird, durch
ihre gegenseitige Anziehung zueinander getrieben werden. Diese
Anziehung muß dann bedeutend stärker sein als in dem vorhergehenden Falle, und die Vereinigung zu einem neutralen Molekül
wird nicht auf dieselbe gleichmäßige Weise vor sich gehen; es wird
auch mehr Energie frei werden.

Ebenso wie bei der Bildung des Wasserstoffmoleküls kann man nun auch bei der Bildung anderer Moleküle aus Atomen desselben oder verschiedener Grundstoffe sich zwei ganz verschiedene Fälle denken: einmal nämlich die Vereinigung neutraler Atome im Normalzustande, zweitens die Vereinigung von positiven und negativen Ionen. Umgekehrt kann man sich denken, daß ein Molekül bei chemischer Spaltung einmal in neutrale Teile, ein anderes Mal in Ionen sich aufteilt. Wenn z. B. Kochsalz (Natriumchlorid, NaCl) in Wasser aufgelöst wird, so wird der Salzkrystall unter dem Einfluß der Wassermolekeln in Na-Ionen mit einer positiven Ladung und Cl-Ionen mit einer negativen Ladung aufgeteilt, entsprechend der positiv elektrischen Einwertigkeit des Natriums und der negativ elektrischen Einwertigkeit des Chlors.

Mit diesen Vereinigungs- oder Trennungsweisen sind die Möglichkeiten aber noch keineswegs erschöpft. Ein Atom kann nicht nur im Normalzustande, wo es seine volle Elektronenzahl so dicht wie möglich um den Kern gesammelt hat, und im ionisierten Zustande, d. h. mit einem oder mehreren Elektronen zuviel oder zuwenig, existieren; in einem neutralen Atom können ja auch ein oder mehrere der „äußersten" Elektronen sich in einer stationären Bahn aufhalten, die weiter vom Kern entfernt ist, als es dem normalen Zustande entspricht. Es ist leicht verständlich, daß ein Atom in einem solchen „geweckten" oder, wie man in der Chemie zu sagen pflegt, „aktivierten" Zustande oft leichter mit anderen Atomen in Wechselwirkung tritt, als wenn es sich im Normalzustande befindet, wo es nach außen hin wie ein kleiner kompakter Stoffklumpen wirkt.

Jedenfalls wird man hieraus verstehen, daß die Wechselwirkung zwischen den Atomen, die in den chemischen Prozessen oder chemischen Reaktionen zwischen den verschiedenen Stoffen zutage tritt, einen außerordentlichen Reichtum von Möglichkeiten bietet, in die uns die Bohrsche Theorie hoffentlich einen tieferen Einblick wird geben können, als es den bisherigen chemischen Theorien möglich ist. Wir wollen erwähnen, daß es auch gelungen ist, Licht zu bringen in die merkwürdigen, früher ganz dunklen Verhältnisse bei den chemischen Lichtwirkungen (vgl. S. 127), z. B. auf eine photographische Platte, sowie bei der sog. Katalyse, welche darin besteht, daß die chemische Wechselwirkung zweier Stoffe durch die Gegenwart eines dritten Stoffes beschleunigt wird, welcher selbst in die gebildete Verbindung gar nicht eingeht und oft nur in ganz kleinen Mengen zugegen zu sein braucht. Es muß jedoch andererseits betont werden, daß wir bis heute noch keine bis ins Einzelne gehende Theorie des Molekülbaues haben, welche mit unserer Kenntnis des Atombaues vergleichbar wäre.

Das periodische System.

Anstatt uns in die Frage zu vertiefen, wie man sich den Verlauf der chemischen Prozesse in seinen Einzelheiten vorstellen könnte, wollen wir nunmehr den Zusammenhang zwischen den chemischen Eigenschaften der Grundstoffe und ihrer Atomnummer betrachten, der seinen erfahrungsmäßigen Ausdruck in dem periodischen System gefunden hat (vgl. S. 16 ff.). Die Lösung der Rätsel dieses Systems kann wohl als eines der schönsten Ergebnisse bezeichnet werden, die BOHR bisher in seinen Forschungen erreicht hat, und vielleicht als der kräftigste Beweis dafür gelten, was seine Theorie leisten kann.

Es ist ein alter Gedanke, die Ordnung der Grundstoffe im periodischen System in Verbindung zu bringen mit einer Ordnung von ruhenden oder kreisenden Atomteilen in regelmäßigen Systemen, deren Charakter sich periodisch mit wachsender Anzahl dieser Teile ändert. Bei dem früher erwähnten Atommodell von Lord KELVIN und J. J. THOMSON, wo die positive Elektrizität über den ganzen Atomraum verteilt war (vgl. S. 74), suchte der letztgenannte Forscher gewisse Hauptzüge des periodischen Systems dadurch zu erklären, daß er sich die Elektronen in mehreren Ringen um den Mittelpunkt des Atoms geordnet dachte. Wie viele Elektronen in dem äußersten Ringe vorhanden sein konnten, ohne daß das System instabil wurde, hing davon ab, wie viele Elektronen sich weiter innen befanden. THOMSON zeigte dann, daß die Stabilität der Elektronenkonfiguration dieser Art in ausgesprochen periodischer Weise mit der Anzahl der Elektronen sich änderte. Durch diese Überlegungen konnte er eine Reihe von Analogien auffinden zwischen der Änderung seiner Elektronensysteme und dem Verhalten der Grundstoffe im periodischen System bezüglich der Neigung des neutralen Atoms, ein oder mehrere Elektronen zu verlieren (positiv elektroaffine Elemente) oder ein oder mehrere Elektronen aufzunehmen (negativ elektroaffine Elemente). Aber ganz abgesehen von möglichen Einwänden gegen seine Überlegungen und Berechnungen als solche war der Zusammenhang mit dem System ganz locker und allgemein, und seiner Theorie wurde der Boden entzogen, als sein Atommodell dem von RUTHERFORD weichen mußte. Mit der Bohrschen Theorie erschien dann die Forderung nach stabilen Elektronensystemen in einem ganz neuen Lichte.

Schon in seiner Abhandlung von 1913 suchte BOHR sich vorläufige Vorstellungen von dem Bau verschiedener Atome zu bilden, indem er sich die Elektronen in einer größeren oder kleineren Zahl von Ringen um den Kern geordnet dachte; dabei war ihm aber der Gedanke nicht fremd, daß die Elektronenbahnen nicht gerade in einer Ebene zu liegen oder (wie in gewissen von BOHRS Modellen) parallel zu sein brauchten, sondern auch in verschiedenen Richtungen im Raume angeordnet sein könnten. Das Ziel seiner Überlegungen war es, eine endgültige, eindeutige Bestimmung des Atombaues zu erhalten, wie sie von der Unveränderlichkeit der chemischen und physikalischen Eigenschaften der Grundstoffe gefordert wird. Die Ergebnisse waren indessen ziemlich unbefriedigend, und es wurde mehr und mehr klar, daß die Grundlagen der Quantentheorie noch nicht genügend entwickelt waren, um in unzweideutiger Weise zu einem endgültigen Bilde für das Atom zu kommen. Heute ist die einfache Vorstellung von einer Bewegung der Elektronen in kreisförmigen Ringen im Bereich um den Kern endgültig aufgegeben und durch ein Bild des Atombaues ersetzt, von dem wir gleich sprechen werden.

In den folgenden Jahren bildete die allgemeine Vorstellung einer Gruppenteilung der Elektronen im Atom die Grundlage für viele theoretische Untersuchungen, die in verschiedener Hinsicht zu einem tieferen Verständnis chemischer und physikalischer Tatsachen geführt haben. Der deutsche Physiker KOSSEL stützte sich dabei außerdem auf die charakteristischen Röntgenspektren der Elemente; diese entstehen dadurch, daß nach Entfernung von einem oder mehreren der innersten Elektronen (vgl. S. 147) das Atom sich selbsttätig wiederherstellt. KOSSEL zeigte 1915, daß diese Röntgenstrahlenspektren in schlagender Weise die Annahme stützen, daß die Elektronen auf verschiedene Gruppen verteilt sind, in welchen sie mit verschiedener Stärke an das Atom gebunden sind.

Der Zusammenhang zwischen den Elektronengruppen und den chemischen Valenzeigenschaften der Atome, auf welche Thomson zuerst aufmerksam gemacht hat, und der auch in Bohrs ersten Überlegungen eine wichtige Rolle gespielt hat, wurde dann in einleuchtender Weise von Kossel und später Ladenburg, wie auch von Lewis und Langmuir in Amerika, weiterentwickelt. Diese chemischen Theorien hatten indessen wenig oder gar keinen Zusammenhang mit der Quantentheorie; selbst die besonderen Züge des Rutherfordschen Atoms, die bei der Theorie des Wasserstoffspektrums und anderer Spektren von wesentlicher Bedeutung sind, spielten dabei nur eine untergeordnete Rolle.

Bohr schürfte indessen tiefer. Anstatt aus dem, was man über gewisse Grundstoffe oder Grundstoffgruppen wußte, auf den Bau ihrer Elektronensysteme zu schließen, suchte er nach Methoden zur Lösung einer viel tiefergehenden Aufgabe, nämlich der, aus allgemeinen Gesetzen für die Wechselwirkung zwischen den Teilen in jedem Atom abzuleiten, wie die Anlage und Ordnung der Elektronenbahnen von der Atomnummer abhängen müsse und damit auch, welche Eigenschaften man von einem Grundstoff mit einer bestimmten Atomnummer erwarten könnte. Das Zeichen dafür, daß die Aufgabe richtig gelöst war, mußte es dann sein, daß die nach dieser Theorie zu erwartenden Eigenschaften mit den Tatsachen übereinstimmten.

Man kann sagen, daß Bohr die Lösung dieser Aufgabe in großen Zügen gelungen ist. Er zeigte 1921, daß das Problem des Atombaues in ein ganz neues Licht gerückt war durch die Entwicklung, die die Quantentheorie in der Zwischenzeit erfahren hatte und deren Hauptzüge in der Einführung von mehr als einer Quantenzahl zur Bestimmung der stationären Zustände und in der Aufstellung des Korrespondenzprinzips bestanden. Hieraus entwarf er ein allgemeines Bild des Atombaues, das aus der Quantentheorie geschöpft war, aber in bemerkenswertem Grade die Eigenschaften der Elemente erklärte.

Es soll an dieser Stelle nicht verschwiegen werden, daß viele grundsätzliche Fragen heute noch völlig ungeklärt sind, und daß wir noch weit davon entfernt sind, die Gesetze für die Wechselwirkung der Elektronen im Atom in allen Einzelheiten zu beherrschen. Wären uns z. B. nur die zehn leichtesten Elemente des periodischen Systems bekannt, so würden unsere heutigen Kenntnisse von den Atomprozessen nicht ausreichen, um die Eigenschaften der schweren Elemente vorauszuberechnen. Vor allem fehlt es an einem tieferen Verständnis für die Neigung der Elektronen, sich in bestimmten Gruppen um den Kern herum anzuordnen. Bohrs Leistung bestand aber darin, daß er diese Gruppenstruktur, die sozusagen ein empirisches Ergebnis ist, in ungezwungener Weise mit den Ansichten über das Zustandekommen der Spektren in Zusammenhang bringen konnte; er gab eine quantentheoretische „Deutung" der eigentümlichen Regelmäßigkeiten im periodischen System der Elemente, und eine der überzeugendsten Stützen für die Richtigkeit des eingeschlagenen Weges war wohl der Umstand, daß ihm dabei die Erklärung der scheinbaren Ungesetzmäßigkeiten in jenem System (vgl. S. 18—19) sozusagen in den Schoß fiel.

Die Methode, die Bohr zur Lösung des Problems benutzte, besteht kurz gesagt darin, daß er untersuchte, wie sich ein neutrales Atom schrittweise durch Einfangung und Bindung der einzelnen Elektronen in das Kraftfeld des Kernes bilden kann. Er denkt sich zunächst, daß er einen „nackten" Kern hat mit einer positiven Ladung von bestimmter Größe. Auf diesen Kern läßt man nun Elektronen los, eins nach dem anderen, bis der Kern diejenige Anzahl eingefangen hat, die zur Neutralisierung der Kernladung nötig ist. Jedes einzelne der Elektronen wird hierbei einen „Bindungsprozeß" durchmachen, d. h. es wird sich in verschiedenen möglichen stationären Bahnen um den Kern und die schon vorher gebundenen Elektronen bewegen können; unter Aussendung von Strahlung wird es von stationären Zuständen mit größerer Energie in solche mit kleinerer Energie übergehen können und schließlich in der Bahn landen, die der kleinsten möglichen Energie entspricht; wir können diese als den Normalzustand des Systems bezeichnen, welches System allerdings vorläufig, solange noch nicht alle zur Neutralisierung der Kernladung nötigen Elektronen eingefangen sind, nur ein positives Atomion ist.

Als Äußerung des letzten Stadiums dieses Bildungsprozesses des neutralen Atoms kann man, wie aus den Darlegungen des vorigen Kapitels hervorgeht, die gewöhnlichen Serienspektren (Bogenspektren) betrachten; denn die Aussendung jeder Linie in solchem Spektrum beruht auf dem Übergang zwischen zwei stationären Zuständen, in denen beide Male $N-1$ Elektronen in ihrem Normalzustande, d. h. so dicht wie möglich um den Kern, gebunden sind, während das N-te Elektron sich im ersten dieser Zustände auf einer Bahn bewegt, die im wesentlichen außerhalb des Gebietes der anderen Elektronen liegt. Ebenso geben uns die Funkenspektren Zeugnis von der vorletzten Stufe im Atombildungsprozeß, indem bei ihnen $N-2$ Elektronen in ihrem Normalzustande gebunden sind, während das $(N-1)$te Elektron sich in einer im Verhältnis zu den Dimensionen des inneren Elektronensystems großen Bahn bewegt. Aus diesen Andeutungen wird es klar, daß das Studium der Serienspektren für die nähere Untersuchung des oben umrissenen Atombildungsprozesses von großer Bedeutung ist. Weiterhin waren die allgemeinen Gedankengänge des Korrespondenzprinzips, welches einen direkten Zusammenhang herstellt zwischen der Möglichkeit eines Überganges von einem stationären Zustand in einen anderen und der Umlaufbewegung des Elektrons, sehr nützlich zur Aufklärung der einzelnen Einfangungsprozesse und der Stabilität der hierdurch entstehenden Elektronenkonfigurationen. Im folgenden können wir Bohrs Schlußfolgerungen aber nicht im einzelnen wiedergeben, wir müssen uns damit begnügen, hier und da einige Andeutungen zu geben und im übrigen die hauptsächlichsten Ergebnisse mitzuteilen.

Bevor wir weitergehen, wollen wir uns daran erinnern, was früher über die Quantenzahlen gesagt wurde. Beim Wasserstoffatom konnten die stationären Bahnen ja von innen nach außen mit den Hauptquantenzahlen $1, 2, 3, \ldots n$ numeriert werden; aber jeder Hauptquantenzahl entspricht nicht eine, sondern mehrere Bahnen, von denen jede mit ihrer Nebenquantenzahl $1, 2, 3, \ldots k$ numeriert ist, wobei k höchstens gleich der Hauptquantenzahl ist. Ähnlich können die stationären Bahnen in einem Atom mit mehreren Elektronen durch zwei Quantenzahlen bezeichnet werden, wobei z. B. die 3_2-Bahn die Hauptquantenzahl 3 und die Nebenquantenzahl 2 hat. Während aber die Hauptquantenzahl n bei den stationären Bahnen des Wasserstoffatoms, welche langsam rotierende Ellipsen sind, in einer einfachen Weise mit der Länge der großen Achse der Ellipse zusammenhängt und $k:n$ das Verhältnis der kleinen zur großen Achse ist, so ist in Atomen mit verwickelteren Elektronensystemen die Bedeutung der Hauptquantenzahl nicht so einfach, und die Bahn des Elektrons besteht aus einer Aufeinanderfolge

weiter nach innen kommt als die anderen 54, so befindet es sich für eine sehr kurze Zeit plötzlich unter der Einwirkung der vollen Kernladungszahl 55. Dies, im Verein mit der großen Nähe des Kernes, wird bewirken, daß Nr. 55 eine ungeheure Geschwindigkeit erhält und sich in einer Bahn bewegt, die von der elliptischen, die es außen beschrieben hat, ganz verschieden ist. Weiter ist die große Geschwindigkeit des Elektrons während seines kurzen Besuches beim Kern in erheblichem Grade bestimmend für seine Hauptquantenzahl; diese wird dadurch größer, als sie sich aus den Größenverhältnissen des äußeren Teiles der Bahn ergeben würde, wenn es sich um die Bewegung um einen Wasserstoffkern handelte (vgl. Abb. 28 und 30). Als Beispiel sei angeführt, daß, wenn das 55. Elektron im Caesiumatom eine 6_1-Bahn beschreibt, die äußeren Schlingen sehr nahe die Größe und Gestalt einer 2_1-Bahn im Wasserstoffatom besitzen.

Nach diesen allgemeinen Bemerkungen wollen wir nun versuchen, in kurzen Zügen BOHRS Aufbau der Atomsysteme vom einfachsten bis zum verwickeltsten zu skizzieren. Wir wollen aber nicht das ganze periodische System mit seinen 92 Grundstoffen durchwandern, sondern große Sprünge machen und nur hier und da den einen oder den anderen Zug hervorheben, der zur Beleuchtung der Sache dienen kann, zum Teil im Anschluß an die schematischen Atomzeichnungen am Schluß des Buches.

Bemerkungen zu den Atomzeichnungen.

Die ausgezogenen Kurven bedeuten Teile der Bahnschlingen der Elektronen in den neutralen Atomen der verschiedenen Elemente. Obschon versucht wurde, ein getreues Bild dieser Bahnen hinsichtlich ihrer Größenverhältnisse zu geben, müssen die Zeichnungen doch noch weitgehend als symbolisch gelten. So liegen die Bahnen in Wirklichkeit nicht in derselben Ebene, sondern sind auf verschiedene Weise im Raume angeordnet; es wäre nicht möglich, die verschiedenen Bahnebenen in der Abbildung zu zeichnen, und außerdem ist über die gegenseitige Lage dieser Ebenen so gut wie nichts bekannt. Aus diesem Grunde haben wir uns damit begnügt, die Bahnen, die zur gleichen Untergruppe gehören, also gleiche Haupt- und Nebenquantenzahlen haben, in der Ebene der Zeichnung in symmetrischer und übersichtlicher Weise anzuordnen. Für Gruppen von kreisförmigen Bahnen ist der Grundsatz durchgeführt, nur eine von ihnen als Kreis zu zeichnen, während die übrigen bei den einfacheren Atomen perspektivisch als Ellipsen innerhalb eines Kreises gezeichnet und bei den verwickelteren Atomen ganz ausgelassen sind; die beiden Kreisbahnen des Heliumatoms sind dagegen beide perspektivisch als Ellipsen gezeichnet. Ferner wäre es nicht möglich gewesen, näher anzugeben, wie die Elektronen auf den elliptischen Bahnen in die inneren Gegenden des Atoms eindringen. Nur beim Lithium ist die innere Bahnschlinge des 2_1-Elektrons durch eine punktierte Linie skizzenmäßig angedeutet.

Um die Bahngruppen mit verschiedenen Hauptquantenzahlen auseinanderhalten zu können, sind sie in zwei verschiedenen Farben gezeichnet, Rot und Schwarz, wobei Rot die Bahnen mit ungerader Quantenzahl, also die 1-, 3-, 5- . . . -quantigen, Schwarz die Bahnen mit gerader Quantenzahl, also die 2-, 4-, 6- . . . -quantigen bezeichnet. Die Zeichnungen sind in Übereinstimmung mit den Zahlenangaben auf S. 174 entworfen, nach denen die Anzahl der Elektronen in jeder Untergruppe einer abgeschlossenen Elektrongruppe dieselbe ist. Dies entspricht einer Annahme, die Bohr ursprünglich aus Symmetriegründen einführte. Diese Annahme ist aber sehr unsicher und wird heutzutage von vielen Physikern angezweifelt.

Wo es möglich war, ist der Kern durch einen schwarzen Punkt angedeutet; aber in den Zeichnungen von Atomen mit höherer Atomnummer schmelzen schon die einquantigen Bahnen zu einem kleinen Kreuz zusammen. — Ferner ist zu bemerken, daß das Radiumatom in doppelt so großem Maßstabe gezeichnet ist wie die übrigen Atome; es ist auf der Tabelle ganz links angebracht, damit man alle übrigen durch Auseinanderfaltung der Tabelle während des Lesens vor Augen haben kann.

Wir beginnen nun mit der Einfangung des ersten Elektrons. Ist der Kern ein Wasserstoffkern, so ist das ganze Wasserstoffatom fertig, wenn dieses Elektron auf die 1_1-Bahn gelangt ist, einen Kreis von etwa 10^{-8} cm Durchmesser (vgl. Tabelle S. 174). Falls der einfangende Kern größere Kernladung hat, so geht es dem Elektron Nr. 1 ganz ebenso, nur wird der Radius der Bahn im selben Verhältnis kleiner, wie die Kernladung größer ist. Für einen Bleikern, dessen Ladung (Atomnummer) 82 ist, wird der Bahnradius also 82 mal kleiner als für Wasserstoff. Indem Atome mit höherer Atomnummer so die Elektronen dichter um sich sammeln, wird es verständlich, daß sie trotz ihrer höheren Elektronenzahl doch von gleicher räumlicher Größenordnung sein können wie die einfacheren Atome.

Wir wollen nun das Heliumatom betrachten. Das erste Elektron, welches dessen Kern (Ladung 2) einfängt, bewegt sich, wie angegeben, auf einem Kreise 1_1, aber mit kleinerem Radius als beim Wasserstoffatom. Das Elektron Nr. 2 kann dagegen in verschiedener Weise eingefangen werden, und das nähere Studium der hier obwaltenden Verhältnisse, die trotz der geringen Zahl von Elektronen schon sehr verwickelt sind, ist für die weitere Entwicklung der ganzen Theorie von größter Bedeutung gewesen. Es würde uns aber zu weit führen, darauf näher einzugehen; wir müssen uns mit der Feststellung begnügen, daß das stabile Endergebnis der Bindung des zweiten Elektrons wahrscheinlich darin besteht, daß beide Elektronen sich in kreisförmigen einquantigen Bahnen von gleicher Größe bewegen, deren Ebenen einen Winkel miteinander bilden (vgl. die Tabelle). Dieser Zustand ist erfahrungsgemäß im höchsten Grade stabil, denn das Heliumatom ist ganz abgeneigt, mit anderen Atomen, sowohl eigenen wir fremden, in Wechselwirkung zu treten. Daher ist Helium ein einatomiges und chemisch unwirksames Gas.

Auch bei allen Atomkernen mit höherer Ladung als der des Heliumkernes werden wahrscheinlich die beiden ersten Elektronen in zwei einquantigen Kreisbahnen gebunden, die miteinander einen Winkel bilden; diese Gruppe kann kein neues Elektron als gleichberechtigt mit den beiden ersten aufnehmen und bildet so die erste Elektronengruppe in allen Atomen mit höherer Nummer als 2.

Elektron Nr. 3 wird also nicht als gleichberechtigt mit 1 und 2 aufgenommen, es muß sich mit einer zweiquantigen Bahn begnügen, nämlich 2_1, welche aus länglichen Schleifen besteht und in ihrer Kernnähe in das Gebiet der einquantigen hineinkommt. Im Vergleich zu den zwei ersten ist dies Elektron nur locker gebunden, und das Lithiumatom, welches nur diese drei Elektronen hat, kann daher Nr. 3 leicht loslassen, so daß das Atom ein positives Ion wird. Lithium ist daher ein Metall, welches leicht positiv einwertig auftritt. Das Element Beryllium, Nr. 4, hat wahrscheinlich zwei Elektronen in 2_1-Bahnen; es tritt daher zweiwertig auf. Aber während des kurzen Besuches dieser Elektronen beim Kern finden sie sich einer größeren Kernladungszahl gegenüber als beim Lithium. Die 2_1-Elektronen sind daher im Beryllium fester gebunden als im Lithium, und die „positive Elektroaffinität" von Beryllium ist weniger ausgesprochen. Etwas wesentlich Neues finden wir beim Boratom (Atomnummer 5), wo die zwei Elektronen Nr. 3 und 4 in 2_1-Bahnen aufgenommen werden, dagegen Nr. 5 sehr wahrscheinlich in einer kreisförmigen 2_2-Bahn gebunden wird. Wie die Verhältnisse im Normalzustande bei den folgenden Atomen vor dem Neon liegen, ist nicht mit Sicherheit bekannt; wir wissen nur, daß die Elektronen, die nach den zwei ersten kommen, in zweiquantigen Bahnen eingefangen werden, deren Ausdehnung kleiner wird in dem Maße, wie die Atomnummer wächst.

Das Neonatom (vgl. die Zeichnung) hat einen besonders stabilen Bau, der sowohl abgeschlossen wie symmetrisch ist, und der außer den zwei Elektronen in 1_1-Bahnen 8 Elektronen in zweiquantigen Bahnen enthält. Die einfachste Annahme wäre die, daß von den acht Elektronen vier in 2_1-Bahnen und vier in 2_2-Bahnen gebunden sind. Die 4 Elektronen in 2_1-Bahnen haben aber nicht in jedem Augenblicke symmetrische Lage zueinander und bewegen sich nicht gleichzeitig auf den Kern zu oder von ihm weg; im Gegenteil ist es wahrscheinlicher, daß diese Elektronen ihre größte Kernnähe zu verschiedenen Zeitpunkten, mit gleichen Zeitabständen, erreichen. Es muß jedoch ausdrücklich hervorgehoben werden, daß über die Einzelheiten in der Struktur der abgeschlossenen zweiquantigen Gruppe nichts mit Sicherheit bekannt ist.

Man bezeichnet oft die ganze Reihe Helium (2), Neon (10), Argon (18), Krypton (36), Xenon (54), Niton (86), welche eine senkrechte Reihe im periodischen System nach Tabelle S. 17 bilden, als „Edelgase". Sie sind alle einatomig und haben keinerlei Neigung, chemische Verbindungen mit anderen Stoffen einzugehen. (Obschon Argon etwa 1% der uns umgebenden Luft ausmacht, hat es aus dem genannten Grunde bis 1895 der Entdeckung entgehen können.) Diese vollständige chemische Unwirksamkeit erklärt sich dadurch, daß die Atome aller dieser Elemente einen schön abgeschlossenen Bau mit sehr fester Bindung aller Elektronen besitzen; sie bilden sozusagen die Landmarken im periodischen System, und man kann sagen, daß sie die Ideale sind, welche die anderen Atome zu erreichen suchen.

den (vgl. Abb. 30 und die Atomzeichnung am Schlusse). Das Atom erhält dadurch offenbar einen ähnlichen Charakter wie das Lithiumatom, und man versteht sofort die chemische Verwandtschaft zwischen den beiden Stoffen. Es sind beides Metalle, die positiv einwertig auftreten. Wir wollen nun nicht länger bei den einzelnen Stoffen der Atomreihe verweilen. Wenn wir vom Neon über Natrium (11), Magnesium (12), Aluminium (13), Silicium (14), Phosphor (15), Schwefel (16), Chlor (17) zum Argon (18) weitergehen, finden wir im wesentlichen eine Wiederholung der Verhältnisse bei der Reihe vom Lithium zum Neon. Wir haben zuerst zwei Bahnen vom 3_1-Typus im Magnesium, eine 3_2-Bahn tritt zuerst beim Aluminium hinzu, und bei dem Atom Nr. 18 bilden acht dreiquantige Bahnen zusammen mit den acht Bahnen der inneren zweiquantigen Gruppe und den zwei der innersten einquantigen Gruppe die symmetrische Architektur des Argons (vgl. die Tabelle und Zeichnung). Die Architektur des Argonatoms ist aber in gewissem Sinne weniger vollständig abgeschlossen als die des Neonatoms. Im Argon haben wir ja vier Bahnen vom 3_1-Typus und vier vom 3_2-Typus, aber die dritte Art von dreiquantigen Bahnen, nämlich die kreisförmigen 3_3-Bahnen, fehlen noch. Sie melden sich auch noch nicht beim Übergang zum nächsten Grundstoff Kalium (19); das Elektron Nr. 19 bevorzugt nämlich vor der 3_3-Bahn die langgestreckte 4_1-Bahn, welche eine festere Bindung gibt, weil sie zwischen die früher gebundenen Elektronen eindringt, während der Kreis 3_3 ganz außerhalb von ihnen liegen würde. Wir erhalten daher ein Atom von ähnlichem Typus wie das Lithium- und Natriumatom. Aber der übergangene 3_3-Typus liegt sozusagen auf der Lauer, um sich seinen Platz zu erobern, und dies hat ernsthafte Folgen für die weitere Entwicklung. Noch beim Calcium (20) geht alles klar; dieses nimmt, nachdem die ersten 18 Elektronen in der Argonarchitektur und das 19. in einer 4_1-Bahn gebunden ist, noch ein weiteres Elektron in der letzteren Weise auf und verhält sich in jeder Beziehung wie Magnesium (12).

Da aber die wachsende Kernladungszahl eine Verkleinerung der den Quantenzahlen 3_3 für das 19. Elektron entsprechenden Bahn und gleichzeitig eine Vergrößerung der Bindungsenergie in dieser bedeutet, so kommt nun ein Punkt, wo die 3_3-Bahn für das 19. Elektron innerhalb des Raumgebietes zu liegen kommt, welches wir als das Argonsystem für die ersten 18 Elektronen bezeichnen können, und wo nunmehr diese 3_3-Bahn eine stärkere Bindung bedeutet, als die 4_1-Bahn ergeben würde. Beim Scandium (21) tritt diese 3_3-Bahn in dem neutralen Atom zum erstenmal auf; und sie tritt nun nicht nur in Wettbewerb mit dem 4_1-Typus, sondern bewirkt auch eine Störung der dreiquantigen Gruppen, welche in den nun folgenden Elementen einen Umbau erfahren müssen; solange dieser dauert, ist die ganze Lage sehr verwickelt und unsicher. Gegen Schluß des Umbaues bekommen wir die Verwischung der chemischen Unterschiede, die besonders bei der „Triade" Eisen, Kobalt, Nickel bekannt ist. Gleichzeitig kommt ein Schwanken in die Wertigkeit der Grundstoffe: Eisen kann, wie früher erwähnt, zwei-, drei- und sechswertig auftreten; die schwankende Wertigkeit beginnt übrigens schon beim Titan (22).

Man könnte vielleicht erwarten, daß der Neubau abgeschlossen sein müßte, lange bevor man bis zum Nickel (28) gekommen ist; denn schon mit 22 Elektronen könnten wir ja vier Bahnen von jeder der dreiquantigen Typen 3_1, 3_2, 3_3 erhalten; aber es zeigt sich, daß in der fertigen dreiquantigen Gruppe Platz für 18 Elektronen ist. Halten wir uns wieder an die einfache, aber unsichere Annahme, daß jede Untergruppe die gleiche Zahl von Elektronen besitzt, so würde das bedeuten, daß 6 Elektronen auf jede Untergruppe entfallen, so wie es in der Tabelle S. 174 angegeben ist. Immerhin könnte man auch so die Vollendung des Neubaues beim Nickel erwarten, welches ja 18 Elektronen mehr hat als Neon, bei dem die zweiquantigen Typen vollendet wurden. Man könnte mit anderen Worten erwarten, daß Nickel ein Edelgas in einer Reihe mit Helium, Neon und Argon sein müßte, und statt dessen ist es bloß ein Nachahmer des Kobalt. Dies beruht darauf, daß die dreiquantige 18er Gruppe zwar eine harmonische Architektur hat, aber noch recht schwach gefügt ist, solange die Kernladung nicht genügend groß ist; ihre Bindungen sind zu schwach, als daß sie als äußerste Gruppe in einem neutralen Atom existieren könnte. Im Nickel ordnen sich die Elektronen daher in weniger harmonischer Weise, man könnte annehmen mit 17 dreiquantigen und einer vierquantigen. Die Gruppe von 18 dreiquantigen Bahnen wird dagegen stabil, wenn die Kernladungszahl 29 oder größer ist. In diesem Falle kann jene Gruppe die äußerste Gruppe eines positiven Ions sein; hierin finden wir die Erklärung der Eigenschaften des Kupferatoms. Das neutrale Kupferatom hat sein 29. Elektron in einer 4_1-Bahn aus länglichen Schlingen gebunden (vgl. die Atomzeichnung). Dieses Elektron kann leicht abgelöst werden und läßt ein positiv einwertiges Kupferion von symmetrischem Bau zurück. Aber auch unter diesen Umständen ist dieses Ion, wenn es auch eine gewisse Stabilität besitzt, noch nicht sehr fest gefügt. So kann die Tatsache, daß Kupfer außer einwertig auch zweiwertig auftritt, durch die Annahme erklärt werden, daß bei einer Kernladungszahl 29 die dreiquantige Gruppe noch leicht ein Elektron verliert.

Wenn wir jetzt zum Zink (30) kommen, so ist die 18er Gruppe wieder um ein Stück fester gebunden. Das Zink ist daher ein richtig zweiwertiges Metall, das in seinen Eigenschaften an Calcium und Magnesium erinnert. Wir bekommen nun im ganzen vom Zink (30) bis Krypton (36) eine Reihe von Grundstoffen, welche sich nach ihren Eigenschaften der Reihe vom Magnesium (12) zum Argon (18) anschließt.

In Abb. 35 ist eine von Bohr angegebene Anordnung des periodischen Systems dargestellt, bei der der innere Zusammenhang, den das System ausdrücken soll, viel klarer als bei der gewöhnlichen Anordnung zutage tritt. Wir sehen unter anderem, daß die Elemente vom Scandium zum Nickel, wo im neutralen Atom die Elektronengruppe von dreiquantigen Bahnen sich im Umbau befindet, eingerahmt sind; die schrägen Linien verbinden Elemente, welche einander „homolog" sind, d. h. sich in chemischer und physikalischer (spektraler) Hinsicht ähnlich sind. Übrigens hatte der dänische Chemiker Julius Thomsen schon vor 30 Jahren eine ähnliche Anordnung vorgeschlagen.

Beim Krypton haben wir wieder eine Edelarchitektur mit einer Außengruppe von acht Elektronen: einige in 4_1- und die anderen in 4_2-Bahnen. Es fehlen aber von den vierquantigen Bahnen die 4_3- und die 4_4-Bahnen. Die 4_3-Bahnen treten erst auf, sobald die Kernladungszahl größer ist als 38, und daher folgt nun, unter ähnlichen Geburtswehen wie vorher, in der fünften Periode des Systems ein vorläufiger ergänzender Umbau der vierquantigen Bahnen zu einer 18er Gruppe. In Abb. 34 sind die Elemente, wo die vierquantige Gruppe sich im Umbau befindet, wieder eingerahmt. Die vierquantige Gruppe mit 18 Elektronen ist ebenfalls noch nicht fest genug gefügt, um als Außengruppe in einem neutralen Atome aufzutreten, aber sie ist doch fester gefügt als die 18er Gruppe von dreiquantigen Bahnen bei Grundstoffen, deren Atomnummer kleiner als 38 ist. Dies beruht darauf, daß alle Bahnen der erstgenannten Gruppe länglich sind und daher sozusagen in die inneren vertäut sind, während unter den dreiquantigen eine Anzahl kreisförmiger Bahnen waren. Hiermit hängt es wohl zusammen, daß Silber im Gegensatz zum Kupfer immer

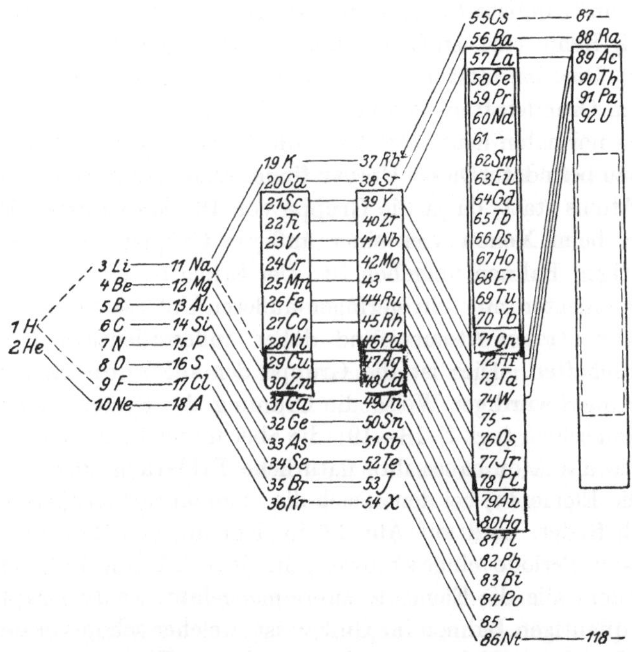

Abb. 35. Das periodische System nach Bohr und Julius Thomsen. Die Elemente, bei denen eine innere Bahnengruppe sich im Umbau befindet, sind eingerahmt. Die schrägen Linien verbinden Elemente mit ähnlichen Eigenschaften.

nur einwertig ist. Ein Edelgas finden wir erst wieder beim Xenon, wo außen um die vierquantige Gruppe sich eine fünfquantige 8er Gruppe von 5_1- und 5_2-Bahnen gebildet hat.

Hier ist nun aber zu bemerken, daß in der vierquantigen 18er Gruppe immer noch die kreisförmigen 4_4-Bahnen fehlen, und daß man daher beim weiteren Durchschreiten des Systems auf einen neuen ergänzenden Umbau an dieser Stelle gefaßt sein muß. Der theoretische Grund ist derselbe wie bei der Vervollständigung der dreiquantigen Gruppe, die in der vierten Periode des Systems stattfindet. Tatsächlich werden aber bei der Bildung des normalen

Beispiel für einen sehr komplizierten Atombau eine schematische Darstellung des Atoms des berühmten Elementes R a d i u m gegeben, und zwar in doppelt so großem Maßstabe wie bei den anderen Atomen. Aus dem im vierten Kapitel Gesagten geht deutlich genug hervor, daß die Struktur dieses Elektronensystems mit der Radioaktivität nichts zu tun hat. Die Werkstatt, von der die ganze merkwürdige Strahlungswirksamkeit ausgeht, ist ja der Kern selbst, und für den war nicht einmal Platz auf der Abbildung, wo schon die einquantigen Bahnen nur noch als kleines Kreuzchen erscheinen und man sich bei den anderen Gruppen mit summarischen Andeutungen begnügen mußte. Das Elektronensystem mit seinen 88 Elektronen ist aber schon an sich interessant durch eine gewisse hübsche Symmetrie in der Anzahl von Elektronen in den verschiedenen Gruppen; es befinden sich in den verschiedenen Quantengruppen von 1—7 je 2, 8, 18, 32, 18, 8, 2 Elektronen. Die letzte Gruppe ist aber natürlich von ganz anderer Art als die erste; es sind „Valenzelektronen", die fortgehen können und ein positives Radiumion mit edler Architektur zurücklassen. Radium kommt dadurch in dieselbe Familie wie die zweiwertigen Metalle Magnesium, Calcium, Strontium, Barium.

Gehen wir vom Radium vier Stellen weiter, so kommen wir zum U r a n (92), und damit sind wir am Ende unserer Reise, wenigstens wenn wir uns an solche Grundstoffe halten, deren Existenz bekannt ist. Bohr kann seine Bautätigkeit gut noch länger fortsetzen und einiges darüber sagen, wie Grundstoffe mit noch höherer Atomnummer beschaffen sein müßten, wenn sie existieren könnten; daß sie das nicht können, ist nicht die Schuld des Elektronensystems, sondern der Kerne, die vermutlich zu verwickelt und groß werden, um stabil zu sein. In der Tabelle (S. 174) ist angegeben, wie der Atombau wahrscheinlich bei dem auf Niton folgenden Edelgas sein würde. Man muß annehmen, daß dieses 118 Elektronen hätte, die sich in Gruppen von 2, 8, 18, 32, 32, 18, und 8 auf die Quantenzahlen 1—7 verteilen.

Wie früher hervorgehoben, hat Bohr bei diesem ganzen schönen Aufbau der Grundstoffatome die allgemeinen Betrachtungen weitgehend durch solche Aufschlüsse ergänzen müssen, wie sie aus den vorhandenen Erfahrungen von den Eigenschaften der einzelnen Grundstoffe zu entnehmen waren. Das Rückgrat der Theorie sind und bleiben aber die allgemeinen Gesetze der Quantentheorie, die auf das Atommodell von Kern und Elektronen in derselben Weise angewandt wurden wie zuerst auf das Wasserstoffatom, wobei sie das Wasserstoffspektrum erklärten.

Das deutlichste Zeichen dafür, daß Bohrs Weg richtig war, haben wir vielleicht darin, daß die Atombilder, zu denen er gelangt, nicht nur mit unseren Erfahrungen über das chemische Verhalten der Grundstoffe übereinstimmen, sondern gleichzeitig in der denkbar schönsten Weise die wesentlichen Züge der charakteristischen Röntgenspektren der verschiedenen Grundstoffe erklären können, worauf wir hier aber nicht näher eingehen können.

Wir haben in allem, was vorherging, die Bohrsche Theorie nur als ein Mittel betrachtet, um in die Gesetze, welche das Wirken in der stofflichen Welt bestimmen, einen tieferen Einblick zu gewinnen. Viele werden aber sicher die Frage stellen, ob die Theorie auch „zu etwas nutze sei", oder mit anderen Worten, ob sie auf irgendeine Weise die Entwicklung der Technik fördern könnte. Auf diese begreifliche und nicht unberechtigte Frage können wir vorläufig nur allgemein antworten, daß ein Fortschritt in unserem Wissen von den Naturgesetzen stets früher oder später, direkt oder indirekt, zur Festigung unserer Herrschaft über die Natur beiträgt. Aber die Verbindung zwischen Wissenschaft und Technik kann bald mehr, bald weniger augenfällig sein, der Weg von der Theorie zur Praxis bald mehr, bald weniger geebnet. Was nun die Bohrsche Theorie angeht, so muß man wohl sagen, daß sie auf ihrer augenblicklichen Stufe kaum zu Ergebnissen geführt hat, die direkt praktisch verwendbar sind; aber da sie uns den Weg weist zu einem tieferen Verständnis der Einzelheiten bei einer ungeheuren Menge physikalischer und chemischer Prozesse, bei denen spezielle Eigenschaften verschiedener Stoffe eine entscheidende Rolle spielen, gibt sie uns doch eine Menge von Möglichkeiten zu sicheren Voraussagen über den Verlauf dieser Prozesse in die Hand — Voraussagen, die zweifellos im Laufe der Zeit der Technik auf vielen Gebieten zunutze kommen werden. In diesem Zusammenhange können wir auch die auf S. 181 besprochene Entdeckung des Hafniums erwähnen. Die Zukunft muß lehren, was die Bohrsche Theorie für die technische Praxis leisten kann.

Anhang.

I. Erklärung der Symbole,
die im Buche mehrfach vorkommen, und Angabe der Zahlenwerte wichtiger physikalischer Konstanten.

$1\ m\quad = 1$ Meter; $1\ cm = 1$ Zentimeter.

$1\ \mu\quad = 1$ Mikron $= {}^1\!/_{1000}$ Millimeter $= 0{,}0001$ cm.

$1\ \mu\mu\quad = {}^1\!/_{1\,000\,000}$ mm $= 10^{-7}$ cm.

$1\ cm^3 = 1$ Kubikzentimeter.

$1\ g\quad = 1$ Gramm; $1\ kg = 1$ Kilogramm.

$1\ kgm = 1$ Kilogrammeter (die Arbeit oder Energie, die erforderlich ist, um $1\ kg\ 1\ m$ zu heben).

$1\ Erg\ = 1{,}02 \cdot 10^{-8}$ kgm.

λ bedeutet Wellenlänge.

ν bedeutet Frequenz (Zahl der Schwingungen in 1 Sekunde).

ω bedeutet Umlaufszahl (Zahl der Umläufe in 1 Sekunde).

n bedeutet eine ganze Zahl (insbesondere die Bohrsche Quantenzahl).

Die Lichtgeschwindigkeit beträgt $c = 3 \cdot 10^{10}$ cm in der Sekunde.

Die Wellenlänge von gelbem Natriumlicht ist $0{,}589\ \mu = 589\ \mu\mu$.

Die Schwingungszahl von gelbem Natriumlicht beträgt $526 \cdot 10^{12}$ Schwingungen in 1 Sekunde.

Die Zahl der Moleküle in $1\ cm^3$ bei $0°$ und Atmosphärendruck beträgt ungefähr $27 \cdot 10^{18}$.

Die Zahl von Wasserstoffatomen in $1\ g$ beträgt ungefähr $6 \cdot 10^{23}$.

Die Masse eines Wasserstoffatoms beträgt $1{,}65 \cdot 10^{-24}$ g.

Das Elementarquantum der Elektrizität beträgt $4{,}77 \cdot 10^{-10}$ „elektrostatische Einheiten".

Die negative Elektrizitätsladung eines Elektrons ist 1 Elementarquantum (1 negative Ladung).

Die positiv-elektrische Ladung eines Wasserstoffkernes ist 1 Elementarquantum (1 positive Ladung).

Die Masse eines Elektrons ist $^1/_{1835}$ von der eines Wasserstoffatoms.

Der Durchmesser eines Elektrons wird auf ungefähr $3 \cdot 10^{-13}$ cm geschätzt.

Der Durchmesser des Atomkernes ist von der Größenordnung 10^{-13} bis 10^{-12}.

Der Durchmesser eines Wasserstoffatoms im Normalzustande (der Durchmesser der ersten stationären Bahn in BOHRS Modell) beträgt $1,056 \cdot 10^{-8}$ cm.

Die Balmer-Konstante: $K = 3,29 \cdot 10^{15}$.

Die Plancksche Konstante: $h = 6,54 \cdot 10^{-27}$.

1 Energiequantum ist $E = h \cdot \nu$.

Die Balmer-Ritz-Formel für die Schwingungszahlen der Linien im Wasserstoffspektrum ist

$$\nu = K \left(\frac{1}{n''^2} - \frac{1}{n'^2} \right).$$

II. Die einfachsten Rechnungen der Bohrschen Theorie des Wasserstoffatoms.

A. Berechnung des Radius a_n der $n$ten kreisförmigen Bahn aus der empirischen Rydberg-Konstante K (Text S. 102).

Willkürlich angenommen wird:

$$A_n = \frac{h \cdot K}{n^2}.$$

A_n, d. h. die Energie, die zum Fortbringen des Elektrons aus der $n$ten Bahn bis ins „Unendliche" erforderlich ist, läßt sich durch den Radius a_n der Kreisbahn ausdrücken, da für die Anziehung zwischen Kern und Elektron sowie für dessen Bewegung auf den stationären Bahnen die gewöhnliche Mechanik und Elektrostatik anwendbar sein soll. Die Energie A_n ist die Differenz zweier Energiegrößen: nämlich gleich der Arbeit, die gegen die Anziehung des Kernes auf der Strecke zwischen den Kernabständen a_n und ∞ geleistet werden muß, vermindert um die Bewegungsenergie, die das Elektron auf der $n$ten Bahn besaß; letztere Energie wird nämlich verfügbar, weil die Bahngeschwindigkeit in „unendlichem" Abstand Null wird.

Sachverzeichnis.

Absorption 38, 124, 154; negative — 132.

Absorptionsspektren 47, 158.

Abtrennungsarbeit 101, 105, 149, 185, 189.

Alpha-Strahlen 67 ff., 72 ff., 80.

Anode 56.

Anregung der Atome 150.

Atomabbau und -aufbau 84, 85.

Atombegriff, älterer — 1 ff.; — in der Chemie 12; moderner — Kap. IV.

Atomenergie 83 ff.

Atomgewicht 6, 11, 79; absolutes — 26.

Atomkern 75, 80 ff.

Atomnummer 77 ff.

Avogadrosches Gesetz 10.

Balmer-Formel 49, 51.

Bandenspektren 47, 146.

Beta-Strahlen 67, 70, 80.

Beugung des Lichtes 34.

Beugungsgitter 40, 129.

Bohrsche Frequenzbedingung 98.

Boyles Gesetz 21.

Chemische Lichtwirkungen 162.

Coulombsches Gesetz 54.

Dipolcharakter von Molekülen 175.

Diffraktion 34.

Edelgase 173.

Einfangung von Elektronen 144, 166.

Eisentriade 18, 177.

Elektrische Entladungen 54, 58 ff., 154.

Elektrische Natur der Atome 13, 62, 74 ff.

Elektrizität, Grunderscheinungen der — 53 ff.; atomistische Struktur der — 57 ff.

Elektrolyse 56.

Elektromagnetische Lichtauffassung 35 ff., 125.

Elektronen 61; Massenveränderlichkeit der — 116.

Elektronenstöße 150.

Elektronentheorie 64, 88, 124.

Elemente; alte Auffassungen der — 3 ff.; — in der Chemie 5; moderner Begriff der — 78 ff.; periodisches System der — 16, 163.

Emissionsspektren 42, 141.

Emissionstheorie des Lichtes 29, 127, 128.

Energie 21; Erhaltung der — 21, 139; — der Wärme 22; — der Strahlung 23, 124 ff.

Energiequanten 95.

Fluorescenz 156.

Frauenhofersche Linien 41.

Frequenz 30.

Funkenspektren 146.

Gamma-Strahlen 67, 96.

Gase; kinetische Theorie der — 20; inaktive — 19, 172, 173.

Gitter 40, 129.

Grundstoffe s. Elemente.

Grundstoffverwandlung 4, 67.

Gruppenstruktur des Atoms 163, 166, 169.

Harmonische Schwingungen 89.
Hauptquantenzahl 118, 145, 168, 170.
Helium 19, 67, 76, 82, 172.

Interferenz 31.
Ionen 56, 61.
Ionisierungsarbeit 101, 105.
Isotope Elemente 78, 79, 181.

Kanalstrahlen 61.
Katalyse 162.
Kathode 56.
Kathodenstrahlen 59, 71.
Kausalitätsprinzip 109 ff., 167.
Kernatom 72 ff.
Kernladung 76 ff.
Kombinationsprinzip 143.
Kontinuierliche Spektren 47, 148.
Korrespondenzprinzip 109 ff., 167.
Krystallgitter 45.

Licht Kap. II, VI.
Lichtabsorption 44, 124, 154 ff.
Lichtäther 35.
Lichtatome 29.
Lichtgeschwindigkeit 35.
Lichtquanten 127.
Lichtwellen 35.
Linienspektren 42.
Lymanserie 103.

Magnetische Beeinflussung von Spektrallinien 65, 112.
Mitbewegung des Kernes 115.
Moleküle 8; Konstitution der — 160, 175.
Molekülprozesse 156 ff.
Multiplen Proportionen, Gesetz der 7.

Nebenquantenzahl 118, 145, 168, 170.
Normalzustand 99.

Obertöne 89, 108.
Ordnungszahl der Elemente 18, 77 ff.
Oszillator 90.

Periodisches System der Elemente 16 ff., 163 ff.
Photochemisches Äquivalenzgesetz 127.
Photoelektrischer Effekt 96, 126, 136.
Plancksche Konstante 95, 98.
Proutsche Hypothese 12, 82.

Quantentheorie 92.
Quantenzahlen 116, 118, 145, 168, 170.

Radioaktivität 67 ff.
Radium 67, 182.
Relativitätstheorie 37, 116.
Resonanz 38, 125.
Röntgenspektren 45, 154, 164, 183.
Röntgenstrahlen 45, 66, 147.
Rotation von Molekülen 23, 157.
Rückstoß bei spontaner Ausstrahlung 132.
Rydbergsche Konstante 51, 106 ff.

Schichtenteilung im Entladungsrohr 154.
Schwarze Strahlung 93.
Schwarzer Körper 92.
Schwingungszahl 30.
Scintillationen 68.
Seltene Erden 18, 180.
Serienspektren 51, 166.
Sonnenspektrum 41 ff., 155.
Spektralanalyse 44.
Spektrallinien 41, 65.
Spektralterme 103, 143.
Spektroskop 39.
Spektrum 39.
Spontane Ausstrahlung 131.
Starkeffekt 120.
Stationäre Zustände 97 ff., 109.
Stereochemie 16.
Stoßversuche 150.
Strahlungsdruck 133.
Strahlungsenergie 23, 124 ff.
Strahlungstheorie 35, 122.

Temperaturstrahlung 93.
Thomsonsches Atommodell 74, 163.

Ultrarotes Licht 45, 157.
Ultraviolettes Licht 45.
Untergruppen 169.

Valenz s. Wertigkeit.

Wahrscheinlichkeitsgesetze 86, 131, 138.
Wärme 22; mechanische Theorie der — 24.

Wärmestrahlungstheorie 94, 130.
Wasserstofflinien 48, 98; Feinstruktur der — 117 ff.
Wasserstoffspektrum 48, 98.
Weglänge, mittlere freie 25.
Wellen 29 ff.
Wellenlänge 30; — des Lichtes 41.
Wellentheorie des Lichtes 35, 128.
Wertigkeit 14, 57, 63, 165.

Zeemaneffekt 65, 122.